KB045748

그림이 있는
인문학

교양 있는 사람을 위한 예술과 과학 이야기

원광연 지음

RHK
알에이치코리아

예술은 가장 멋진 과학이다

1984년은 여러모로 기억에 남는 해였다. 조지 오웰은 소설 《1984》에서 강력한 정부의 빅브라더가 개인의 일상생활까지 통제하는 디스토피아적 사회를 그렸다. 청소년 시절 그 소설을 읽었을 당시, 1984년은 절대 오지 않을 영원한 미래로 여겨졌다. 그런데 1984년은 오고 말았다. 그해 장막에 가려졌던 애플의 매킨토시 컴퓨터가 출시됐다. 그것은 단순히 컴퓨터라는 제품을 뛰어넘어 새로운 문화의 탄생, 지금은 디지털 문화라고 부르는 것의 시작이었다.

그해 가을, 나는 이사 트럭을 몰고 미국 동부 끄트머리 뉴잉글랜드에 위치한 하버드대학으로 향했다. 고색창연한 하버드대학 캠퍼스, 응용과학부가 자리 잡은 피어스홀 1층 내 연구실은 두 벽면 전체가 유리창이었다. 유리창 너머로는 한적하고 자그마한 정원이 있고, 정원을 가로지르는 오솔길로 학생들이 간간이 오갔다.

낙엽이 떨어지기 시작한 10월의 어느 토요일 오후, 조용한 캠퍼스가 갑자기 소란스러워졌다. 트럭 한 대가 들어오더니 기중기로 커다란 조각 작품을 내려놓았고 곧이어 인부들이 와서 이것을 정원 한가운데로 옮겼다. 검은색 비구상非具象 조각 작품이었는데 무엇을 상징하는지는 알 수 없었다.

캠퍼스 곳곳에 자리 잡고 있는 조각 작품들은 350년 하버드 역사에 중요한 발자취를 남긴 사람들을 기념하는 인물상들이 대부분이었다. 그런데 무슨 연유인지 응용과학부 건물 앞에는 예외적으로 비구상 작품이 설치됐던 것이다. 사람 키의 두 배에 달하는 길쭉한 검은색 철 구조물은 세상의 어떤 것도 연상되지 않는 기하학적 형상을 하고 있었다. 자연과학을 전공하는 사람들의 메마른 감성을 자극하려는 시도일 수도 있겠다 싶었다.

호기심도 잠시였다. 얼마 지나지 않아 나는 그곳에 조각 작품이 서 있다는 사실조차 잊고 말았다. 며칠 후 커피를 마시며 창밖을 내다보니 정원의 분위기가 달라진 것 같았지만 뭐가 바뀌었는지 도통 알 수가 없었다. 다시 며칠이 지난 후에야 나는 달라진 부분을 전해 들을 수 있었다. 인부들이 와서 조각 작품을 뒤집어 세우고 갔다는 것이었다. 알고 보니 처음 설치할 때 인부들이 실수로 조각 작품을 거꾸로 세웠고, 뒤늦게 이 사실을 안 조각가가 기겁을 하고 달려와 항의했다는 이야기였다.

그동안 우리는 거꾸로 설치된 작품을 감상하고 있었던 것이다. 자신의 전공 현안에만 관심을 갖는 과학자들의 무딘 예술 감각으로는 세상이 뒤집힌 것도 깨닫지 못했던 셈이다. 변명 같지만, 이 작품이 예술대학 건물 앞에 거꾸로 뒤집힌 채 설치됐더라도 결과는 마찬가지였을 것이다.

오늘날의 예술, 특히 미술은 그 존재 의의부터 예전의 미술과는 다르다. 사물을 객관적으로 표현하는 것은 미술가가 추구하는 일 중 극히 일부분에 지나지 않을 것이다. 오늘날의 미술엔 단순히 눈에 보이는 것을 넘어 대상의 실체를 표현하려는 노력, 인간 심리에 관한 작가 나름의 견해와 대중에게 전달하려는 메시지 등이 어지럽게 교차한다. 미술 작품을 이해하는 것이 그만큼 어려워진 이유다.

과학 또한 대중으로부터 점점 멀어지고 있다. 이제 일반인이 첨단 과학의 원리를 이해하는 것은 불가능에 가까울 만큼 과학은 전문화, 세분화됐다. 심지어 과학자인 나조차도 옆방 교수가 무슨 연구를 하는지 설명을 들어도 이해하지 못하는 지경에 이르렀다. 그럼에도 불구하고 과학기술은 그 어느 때보다 우리 삶에 밀착되어 큰 영향을 미치고 있으며 심지어 삶을 재정의하고 있다.

이제 과학은 과학대로, 예술은 예술대로 우리에게서 멀리 떠나간 것처럼 보인다. 그것도 정반대 방향으로. 너무도 당연한 이야기지만, 과학과 예술은 매우 이질적이다. 과학에서 가장 중요한 것은 객관성이다. 어떤 연구 결과가 나왔을 때 그걸 인정받으려면 다른 사람도 동일한 방법을 사용했을 때 동일한 결과를 얻을 수 있어야 한다. 과학의 세계에서는 재현성이 필수다. 예술은 그 반대다. 어떤 작가가 작품을 만들었을 때 그걸 다른 사람이 똑같이 복제하는 건 아무 의미가 없다. 예술의 세계에서는 독창성이 알파이자 오메가다.

이렇게 어려운 과학과 더 어려운 예술을 합쳐서 이야기를 풀어보자고? 이를테면 상대성 이론과 큐비즘을 버무려 설명하면 뭐가 나올까? 그보다 먼저, 둘을 합쳐서 하나의 이야기로 풀어나가는 것이 과연 가능할까? 아이러니하게도 어려운 것과 어려운 것이 합쳐지면 더 어려워지는 것이 아니라 정반대로 쉬워질 수 있다. 과학과 예술은 서로 평행선을 긋고 달리지만 가끔 서로 교차할 때가 있다. 아이디어를 교환하기도 하고, 영감을 주기도 하고, 어떤 때는 해결책을 제공하기도 한다. 예술을 예술 내부에서 들여다보면 쉽게 이해되지 않고 혼란스러울 수 있다. 이것을 과학의 시각에서 보면 오히려 이해가 빠를 수도 있고, 문제가 풀릴 수도 있다는 말이다. 심지어 본질에 더 가까이 다가갈 수도 있다. 그 반대도 마찬가지다.

과학과 예술이 만나는 경계 영역, 즉 과학이 객관성과 엄격한 논리 체계에서 해방되고 예술이 극단적인 주관성과 비논리성에서 탈출한 영역은 오히려 과학적 통찰력과 예술적 직관력이 빛을 발하는 곳일 것이다. 우리가 이런 영역을 탐험하는 가장 큰 이유는 이 영역이야말로 오늘날 복잡한 세상을 살아가는 데 필요한 지혜를 발견하고 노하우를 터득할 수 있는 곳이기 때문이다. 이제 대부분의 지식과 정보는 인터넷상에서 클릭 한두 번이면 닿을 거리에 있다. 모든 사람이 비슷한 수준의 교양을 쌓게 된 것이다.

그러나 현대 사회의 지식인은 '레디메이드ready-made'된 정보만으로는 성에 차지 않는다. 진정한 지식인이라면 기존의 정보를 융합하고 가공하면서 자신만의 세계관을 형성할 줄 알아야 한다. 우리는 이런 능력을 창의성이라고 부른다. 창의성은 누구에게나 있다. 그러나 잠재된 창의성을 이끌어내는 것은 또 다른 이야기다. 교육자와 연구자로서의 내 경험에 비춰보면 과학과 예술이 만나는 경계 영역을 탐험하는 것이야말로 창의성을 이끌어내는 가장 효과적인 방법이다.

이 책에서는 과학과 예술이 만나는 24개의 영역을 다룬다. 예술적으로 의미 있는 동시에 과학적으로도 흥미 있는 주제여야 한다는 것을 최우선 기준으로 세웠다. 그렇다고 단순히 학문적인 관점에서만 주제를 선정하지는 않았다. 과학과 예술의 만남은 그 자체로 목적이 될 수도 있지만, 이런 만남을 통해 우리가 직면하고 있는 현안을 재정의하고 재해석하고 재도전할 수 있는 창의성을 이끌어내는 일이 더 의미 있을 것이다.

이런 맥락에서 기획 단계에서 선정한 100개 남짓한 주제에서 시작해 고르고 또 골라서 최종적으로 24개로 정제했다. 이 24개 주제를 시간의 흐름에 따라 시대순으로 배치한 다음 그간의 경험과 지식을 바탕으로 내용을 하나씩 채워나갔다. 예술적 경험은 이 책을 저술하는 데 원동력이 됐다. 과학자로서 예술 행위는 일탈일 수 있지만, 예술 기획에서부터 창작, 예술가들과의 협업과 교류 등은 나만의 세계관을 형성하는 데 밑거름이 됐다.

지난 2년간 한국과학기술원KAIST과 서울대에서 각각 '과학과 예술의 상호작용'과 '미디어아트 공학'이란 과목으로 동시에 라이브로 진행한 수업이 이 책의 직접적인 동기가 됐다. 한 학기를 둘로 나누어 전반부엔 미술사를 과학적 시각으로 재해석해 소개했고 후반부엔 테크놀로지 아트를 다뤘다. 수업 시간에 오갔던 질문 몇 개를 나열해보면 이렇다.

- 미래에는 예술과 과학의 융합이 대세라고 하는데, 융합이란 무엇을 의미하는가?
- 단순 지식보다 창의성이 더 중요하다고 하는데, 창의성도 배울 수 있는가?
- 미술사나 문화사와 같은 과거 이야기를 왜 공부해야 하는가?
- 과학자는 얼마만큼 예술을 알아야 하는가? 예술가는 얼마만큼 과학을 알아야 하는가?
- 레오나르도 다빈치는 우리의 롤모델인가?
- 스티브 잡스는 자기 회사를 왜 인문학을 연구하는 회사라고 했

는가?

- 인간이 아닌 컴퓨터가 그림을 그리거나 소설을 쓰는 시대가 과연 올까?
- 미래에는 과학자가 아닌 컴퓨터가 새로운 이론을 발표하고 노벨상을 받게 될까?

물론 이 책에서 이런 질문들에 대한 답을 제시할 것으로 기대해서는 안 된다. 여기서는 이런 문제들을 직접 다루지는 않을 것이다. 이 책은 예술 책도 과학 책도 아니다. 예술과 과학을 화두로 삼아 우리가 살고 있는 세계와 사회 그리고 우리 자신에 대해 이야기한다. 무엇보다 예술과 과학, 어느 한쪽으로 치우치지 않고 가급적 같은 거리를 유지하려 애썼다. 주제에 따라 예술에 더 기울어질 수도 있고 반대로 과학에 더 치중할 수도 있으나 전반적으로 중립 노선을 유지했다. 백과사전적 지식이나 인터넷에서 쉽게 찾을 수 있는 정보보다 개인적 경험과 주관적 견해를 앞세웠다. 그렇다고 객관성을 저버린 것은 아니다.

이 책에 수록된 사진의 상당수는 전 세계를 돌아다니면서 내가 직접 촬영한 것이다. 사진이 거칠고 해상도도 떨어질 수 있지만 각 작품에 투영된 내 시점과 숨결을 느낄 수 있을 것이다.

과학자들은 외부와의 소통에 서툴다 못해 심지어 기피한다. 나 역시 마찬가지다. 주된 연구 분야인 가상현실이 내게는 현실이다. 대중의 예술적 소양이 어디까지 와 있는지, 과학적 지식이 어느 정도 수준인지 전혀 감이 없다. 이런 상황에서 내가 쓴 글을 대중의 눈으로 읽어보고 조언해준 아내 유숙현에게 고마움을 표한다. 그녀가 끈기를 갖고 옆에서 지켜보지 않았더라면 내 글은 수학공식과 전문용어로 가득했을 것이다. 내 연구와 경험을 책으로 펴내고 싶다는 막연한 꿈을 현실로 만들어준 알에이치코리아 출판사에도 감사를 드린다.

마지막으로 이 책의 내용은 나의 오랜 연구 활동 중에 얻어진 지식과 경험의 부산물이다. 개인적 정신 활동의 정수인 인문학과는 달리 과학기술은 집단의 공동 연구 성격이 짙다. 과학자로서의 정체성을 형성하는 데 도움을 주었던 나의 은사님들과 멘토들 ― 성백능 교수, 아즈리엘 로젠펠트Azriel Rosenfeld 교수, 래리 데이비스Larry Davis 교수, 앨런 왁스만Allen Waksman 박사, 로저 브로켓Roger Brockett 교수 ― 그리고 나와 함께 실험실과 미술관과 야외 현장에서 고된 시간을 보냈던 제자들, 연구원들에게 감사를 표한다.

원광연

KY Wohn

* 인명과 지명을 포함한 외래어는 국립국어원의 외래어 표기법을 따라 표기했다. 단행본은 《 》로, 신문 · 잡지 · 영화 · 음악 · TV 프로그램 등은 〈 〉로 묶었다.

차례

빛을 가지고 노는
예술가들

과학은 빛을 분석하는 것이고
예술은 빛을 만드는 것이다.

카를 크라우스 Karl Krauss

1

'빛의 화가'. 이 호칭은 화가에게 주어지는 가장 명예로운 호칭이 아닐까? 빛이 없으면 그린다는 행위도, 본다는 행위도 아무 의미가 없으니 말이다. 빛은 시각 예술인 미술의 본질이라고 할 수 있다. 그런데 예술 작품이 스스로 빛을 발광하는 것이 아니라 그저 빛을 반사하는 것뿐이다. 작품을 본다는 것은 반사된 빛을 우리 눈이 감지하는 것이다. 이 단순한 원리를 인간이 알아내는 데는 꽤 오랜 시간이 걸렸다. 이슬람의 황금기 시절인 11세기에 아라비아 물리학자 알하젠Alhazen이 인간이 물체를 보는 것은 물체에 반사된 빛을 감지하는 거라는 이론을 제시하기 전까지, 눈으로 본다는 현상은 제대로 규명되지 못했다.

빛이란 도대체 뭘까? 우리는 과학 시간에 빛은 그저 전자파의 극히 일부분이라고 배웠다. 전자파는 바다의 파도와 같이 진동하면서 공간을 이동하는데, 그 진동수에 따라 성질이 급격히 변한다. 우리가 사는 세계는 전자파로 꽉 채워져 있는데 그중 1초에 수백조 번 진동하는 전자파만 눈에 감지된다. 이것보다 조금 덜 진동하는 전자파를 우리는 적외선이라 부르고, 조금 더 많이 진동하는 전자파를 자외선이라고 이름 붙였다.

우리 인간은 적외선이나 자외선을 보지 못하지만 뱀은 적외선을 볼 수 있고, 새나 곤충은 자외선을 볼 수 있다. 만일 우리 눈이 적외선을 볼 수 있다면 육안으로 쉽게 메르스MERS(중동호흡기증후군) 환자를 식별할 수 있을 것이다. 메르스는 고열을 동반하니까 말이다.

반면 휴대전화에 쓰이는 전자파는 빛보다 훨씬 적게 진동한다. 만일 우리 눈이 휴대전화에 쓰이는 전자파를 볼 수 있다면 어떨까? 어떤 화가가 휴대전화 전자파를 보고 그림을 그린다면 어떤 그림이 나올까? 빛은 직진하지만 무선통신에 사용되는 전자파는 심하게 휘어지기에 이 세상이 마치 추상화와 입체화를 합친 것처럼 보일 수 있다. 게다가 많은 사람이 모인 곳은 저마다의 휴대전화에서 나오는 전자파로 밝게 빛날 것이다. 이런 이야기를 할 수 있게 된 것은 20세기에 들어서부터다. 영국 과학자 제임스 맥스웰James Maxwell이 통합 이론을 발표하기 전에는 빛, 전파, X선 등은 각기 다른 걸로 여겨졌다. 빛의 본질에 대한 재해석이 바로 과학적 측면에서 모더니즘의 시작이었다.

뉴턴, 훅 그리고 아인슈타인

비발디가 〈사계〉를 작곡하고 셰익스피어의 〈햄릿〉이 영국뿐 아니라 전 유럽에서 절찬리에 공연되던 시절, 아이작 뉴턴이라는 20대 청년은 당시 창궐하던 콜레라를 피해 고향으로 내려갔다. 방에 틀어박혀 빈둥거리던 그는 머리도 식힐 겸 빛에 대해 연구하기 시작했다.

어두운 방에서 유리 프리즘을 놓고 한 줄기 빛을 통과시켰더니 무지갯빛이 생겼다. 이것을 보고 그는 잠정 결론을 내릴 수 있다. 빛은 여러 가지 색깔로 이루어져 있는 것이다. 보통 사람들이라면 여기서 그쳤을 것이다. 뉴턴은 두 번째 프리즘을 이용해 다시 빛을 모았다. 무지개 색깔을 하나로 모으니 흰색, 엄밀히 말해 무색이 됐다. 뉴턴은 그 이유가 빛이 색깔별로 무게가 다른 알맹이들로 이루어져 있기 때문일 거라고 생각했다. 이를 사람들은 나중에 '입자론'이라고 불렀다.

뉴턴이 자신의 발견을 세상에 발표하자 과학계 어르신들이 매우 불편해했다. 특히 영국 과학계의 대부였으며 '영국의 레오나르도 다빈치'라고 불렸던 로버트 훅Robert Hooke은 공개적으로 핀잔을 주었다. 젊은 뉴턴은 굳게 다짐했다. '훅 선배가 살아 있는 동안에는 절대 빛에 대해 논문을 발표하지 않을 거야.' 그는 실제로 자신과의 약속을 지켰다. 훅이 죽은 바로 다음 해에 광학 이론을 정리해 발표했던 것이다. 나중에 세상에 이름이 알려진 뒤 뉴턴은 공공건물에서 훅의 초상화를 모두 내렸다. 이런 이유로 오늘날 아무도 훅의 얼굴을 알지 못한다.

뉴턴 이론의 첫 번째 메시지는 색깔은 자연 현상이라는 것이다. 붉은 노을, 붉은 사과, 붉은 피, 모두 동일하거나 비슷한 빛에 불과하다. 그리고 내가 본 붉은색은 누가 봐도 붉은색이다. 붉은색은 정열적이라든지, 붉은색을 지니고 있으면 복이 들어온다는 건 전혀 과학적이지 않다. 이렇게 색채가 가지고 있던 신화적이고 주관적인 아우라는 사라져버렸다.

뉴턴 이론의 두 번째 메시지는 빛은 눈에 보이지 않고 매우 가벼운 알맹이들이 총알같이 날아오는 현상이라는 것이다. 이 이론은 얼마 지나지 않아 네덜란드의 신지식인 크리스티안 하위헌스Christiaan Huygens에 의해 깨졌다. 뉴턴 못지않은 천재 과학자였던 하위헌스는 빛은 물결과 같이 진동하면서 전달된다는 소위 파동설을 주장했다. 그의 이론과 실험은 너무 완벽해 뉴턴이 심심풀이로 연구한 것과는 비교가 안 됐다. 그때부터 지금까지 전력 공급, 텔레비전 방송, 모바일 통신 등 우리 삶에 연관된 이슈는 모두 파동설로 설명된다.

그런데 20세기 초반에 뉴턴의 망령이 되살아났다. 영국 웨스트민스터 사원 지하묘지에서 잠자고 있던 뉴턴을 깨운 것은 다름 아닌 알베르트 아인슈타인이었다. 역시 천재 과학자였던 아인슈타인은 빛은 파동일 수도, 입자일 수도 있지만 어느 한순간에는 파동이거나 입자여야만 한다는 알쏭달쏭한 이론을 발표했다. 한 걸음 더 나아가 그는 빛이 우주의 근원이라고 주장했다. 그러니까 빛이 무엇인지 설명하려면 빛을 가지고 설명하는 수밖에 없다는 것이 이론적으로 밝혀진 셈이다. 이런 황당한 현상을 예술에서는 포스트모더니즘이라고 부른다.

빛의 화가들

다시 처음으로 돌아가자. 빛과 예술 작품은 상호 연관되지만 직접 관련은 없다. 빛이 작품을 투사하고, 우리는 거기서 반사되는 빛 중에서 우연히 눈에 들어오는 빛을 감지하는 것뿐이다. 오랫동안 화가들은 그들의 작품 자체가 우리 눈에 들어오는 빛, 다시 말해 망막에 맺힌 영상과 구별되지 않을 만큼 사실적이도록 온갖 노력을 다해왔다. 어떤 때는 스푸마토 기법, 키아로스쿠로 기법 등 화가 나름대로 독창적인 기법을 개발하기도 했고, 선원근법이라는 수학적 이론을 적용하기도 했으며, 카메라 옵스큐라라고 하는 기계장치를 활용하기도 했다. 쉽게 말해 창문을 통해 보는 경관과 똑같이 그린 다음, 창문을 그림으로 막았을 때 창문인지 그림인지 구분하지 못한다면 적어도 기술 측면에서는 최고 경지에 도달했다고 볼 수 있는 것이다. 물론 완벽한 모사가 예술의 모든 것은 아니지만 말이다.

그런데 획기적인 생각을 한 화가 집단이 있었다. 어차피 작품

감상의 마지막 단계가 인간의 눈이 빛을 감지해 인간 내면의 심리적인 영상을 만드는 것이라면 아예 현실 세계를 묘사하지 말고 빛 자체를 그려서 보여주면 되지 않겠냐는 생각 말이다. 이걸 우리는 인상주의라고 부른다. 인상주의 그림에서 대상이 무엇인가는 큰 의미가 없다. 동일한 대상이라도 어디서 언제 보았느냐에 따라 결과는 매우 달라진다.

클로드 모네Claude Monet의 〈수련〉을 보자. 이 그림은 거꾸로 놓고 보아도 여전히 아름답고 전체적인 느낌은 바뀌지 않는다. 우리 망막에 맺힌 이미지가 얼마나 아름다울 수 있고, 심지어는 눈물 날 정도로 감동을 줄 수 있는지 체험하려면 파리 오랑주리 미술관에 있는 모네의 방에 가보길 바란다. 모네는 타원형 방의 벽면 전체를 수련 그림들로, 아니 수련이 발산하는 빛으로 가득 채웠다.

모네는 빛을 그렸다. 물론 모네가 빛을 묘사한 최초의 화가는 아니다. 그러나 그 이전 화가들은 빛 자체를 그렸다기보다 빛의 효과를 나타냈다. 특히 렘브란트나 카라바조는 오늘날 '빛의 화가'로 불릴 만큼 빛과 어둠의 효과를 극대화하는 데 타의 추종을 불허했다. 조르주 데 라 투르Georges De La Tour의 〈회개하는 막달라 마리아〉를 처음 봤을 때 나는 사진인 줄 착각했다. 그림 중앙에 위치한 촛불은 가장 중요한 구성 요소이면서 영적인 시발점이기도 하다. 초가 타들어가는 걸 연기로 알 수 있다. 오래지 않아 촛불이 꺼지겠지만 그림 안의 장면은 너무 정적이어서 영원

모네의 〈수련〉과 거꾸로 본 〈수련〉(위)
오랑주리 미술관 내 모네의 방(아래)

히 지속될 것 같다.

촛불은 온도가 낮기 때문에 태양광보다 더 붉은색을 띤다. 이 사실을 확인하려면 방 안에 촛불을 켜고 사진을 찍어보면 쉽게 알 수 있다. 우리가 눈으로 보는 것보다 더 붉게 찍힐 것이다. 물체가 발광할 때 그 물체의 온도에 따라 빛의 색깔이 정해진다. 별의 색깔을 보면 그 별의 온도를 알 수 있다. 색 분포를 좀 더 자세히 조사하면 그 별을 둘러싸고 있는 기체가 무엇인지도 알 수 있

조르주 데 라 투르, 〈회개하는 막달라 마리아〉

다. 게다가 별 빛으로 별의 나이도 알 수 있고, 나이를 알면 그 주위를 도는 행성에 생명체가 있을 가능성이 있는지도 추정할 수 있다. 그렇게 해서 나온 결론은, 우주에 지구와 같이 생명체가 있는 행성이 수백억 개가량 된다는 것이다. 빛은 정말 많은 것을 알려준다.

시대를 막론하고 사람들은 현재 자신이 살아가는 시대가 가장 변화가 극심하다고 생각한다. 현재 우리가 살고 있는 21세기 초반의 세상도 변화가 많다. 그러나 이에 못지않게 변화가 컸던 시대가 19세기에서 20세기로 넘어가던 때였다. 마차가 자동차로 대체되고 비행기가 하늘을 날기 시작했다. 무엇보다 세상이 밝아졌다. 도시에 전기가 공급되기 시작한 것이다.

라울 뒤피Raoul Dufy가 그린 폭 60미터, 높이 10미터의 어마어마한 크기의 벽화를 보자. 다른 벽화와 달리 벽 전체가 발광하는 느낌을 준다. 좀 더 가까이 다가가면 19세기 말부터 20세기 초에 걸쳐 변화하고 있는 파리를 볼 수 있다. 무엇보다 과학과 문명의 관계를 볼 수 있는데, 고대 철학자 탈레스부터 발명가 에디슨까지 주요 과학자, 그중에서도 전자기와 관련된 거의 모든 과학자를 망라한다. 이 벽화는 파리 시에 전기를 공급하는 전력회사가 1937년 파리만국박람회에서 전기로 인해 바뀐 세상을 보여주기 위해 뒤피에게 의뢰했던 것이다. 지금은 파리시립현대미술관에 가면 볼 수 있다.

앞서 말한 대로 시각예술은 가시광선을 전제로 한다. 만일 우리 눈이 X선을 감지한다면 우리가 경험하는 세계는 사뭇 다를 것이다. 휴 터비Hugh Turvey나 마리 세스터Marie Sester 같은 작가는 X선으로 세상을 바라본다. X선은 물체를 통과하므로 물체의 내부

라울 뒤피, 〈전기 요정〉

를 볼 수 있다. 〈팜파탈〉은 터비가 하이힐을 신고 있는 아내의 발을 묘사한 작품이다. 구두 뒤축의 날카로운 못이 보인다. 아름다운 외모 뒤에는 신체를 고문하는 장치가 숨겨져 있음을 암시하고 있는지도 모른다.

빛이라는 것이 전자파의 일종이고 진동수를 조정함으로써 다양한 빛을 만들어낼 수 있다는 것을 안 이상, 빛 자체를 가지고 노는 예술가들이 생겨난 것은 당연하다. 댄 플레빈Dan Flovin은 주로 형광등과 네온등을 가지고 놀았다. 빛을 작품화하려면 두 가지 조건이 필요하다. 첫째로, 빛 외의 다른 것들을 깨끗이 치워야 한다. 둘째로, 주위가 어둡거나 아예 깜깜해야 한다. 플레빈을 흔히 미니멀리스트라고 부르는데, 너무나 당연한 호칭이다.

　설치미술가 제임스 터렐James Turrell도 빛에 관한 한 대가다. 그런데 그는 인위적인 빛이 아니라 자연광을 사용한다. 사실 '사용'이라는 단어는 적절치 않다. 그는 동굴을 파거나 천장이 없는 건물을 짓거나, 천장에 구멍을 뚫어놓고 그 안에 들어가서 하늘을 쳐다보게 한다. 그런데 멋있다. 똑같은 하늘일 텐데 터렐이 보여주는 하늘은 뭔가 다르다. 작가의 아우라 때문일 것이다. 터렐의 작품 중 하나는 일본 나오시마 섬에 가면 볼 수 있다.

　언젠가 파리 퐁피두센터에 간 적이 있다. 퐁피두센터 전시실 한곳에 들어가니 암흑 속에서 다채로운 조명이 이리저리 춤을

휴 터비, 〈팜파탈〉

댄 플레빈의 네온등 작품

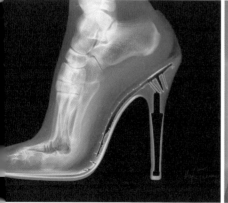

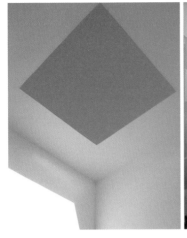

제임스 터렐의 작품 　　　　올라푸르 엘리아손, 날씨 프로젝트

추고 드라이아이스 연기가 자욱했다. 마치 록 콘서트 무대에 올라온 것 같았다. 올라푸르 엘리아손Olafur Eliasson의 작품이었다. 엘리아손을 세계적인 스타로 만든 건 영국 테이트모던 뮤지엄에 전시했던 '날씨 프로젝트'였다. 그는 화력발전소에서 현대미술관으로 탈바꿈한 테이트모던 뮤지엄의 가장 크고 썰렁한 홀 위에 노란 전구 수백 개를 촘촘히 박은 쟁반같이 둥근 해를 만들어 설치했다. 그런 다음 가습기를 돌려 수증기를 채우고 그 공허하고 넓은 공간 자체를 관람객이 인식하고 교감하게끔 했다. 스스로를 '빛과 공간의 조각가'라고 부르는 그는 현재 베를린대학에서 연구실 겸 창작 스튜디오를 운영하고 있다.

　전기가 없는 삶이 어떤지는 정전이 됐을 때 피부로 느낄 수 있다. 태양빛이 없는 세계가 어떤지는 밤이 되면 저절로 느낄 수 있지만, 이걸 극적인 감동으로 체험하는 방법이 있다. 바로 개기일식이다. 2002년, 나는 개기일식이 지나가는 중국 항저우로 향했다. 물론 내가 갖고 있는 모든 카메라 장비를 총동원한 상태였다. 카메라를 태양에 정확히 맞춰놓고 일식이 시작되기만을 기다렸다. 그런데 이게 뭔가? 정작 일식이 시작되니 뷰파인더에 태양이 보이지 않았다. 잠깐 사이에 태양이 이동한 것이다. 좀 더 정확히 말하면 지구가 돈 것이다.

결국 개기일식 사진은 똑딱이 카메라로 찍은 것밖에 없다. 그래도 얻은 것은 있다. 태양이 사라지면서 어둠이 깔리고 암흑이 됐다가 다시 소생하는 장면, 이와 동시에 공기가 차가워지고 찬바람이 피부를 스치는 촉감, 갑작스런 환경 변화에 놀란 동물들의 울음소리…. 2002년의 개기일식은 내가 여태까지 경험한 최고의 예술이었다.

과학과
예술
사이에서

과학은 현시대의 예술이다.

호러스 저드슨 Horace Judson

2

박물관은 문화 체험의 꽃이라 해도 과언이 아니다. 우리나라에도 가볼직한 박물관이 꽤 많다. 통계 자료에 따르면 2013년 말 기준 전국적으로 약 1000개가 있다고 한다. 박물관 종류도 많다. 장난감박물관, 자동차박물관, 소리박물관, 로봇박물관, 컴퓨터박물관, 자연사박물관, 과학관, 미술관, 심지어 미생물박물관도 있다.

만일 박물관들로 이루어진 왕국이 있다면 그중 왕은 자연사박물관이고 여왕은 미술사박물관일 것이다. 자연사박물관은 말 그대로 자연에 관한 모든 것을 다룬다. 지구가 생겨나기 이전의 우주부터 시작해 천체, 지구, 동식물 그리고 인간이 이룩한 문명과 테크놀로지와 문화를 다룬다. 반면 미술사박물관은 고대부터 현대에 이르기까지 인간이 만들어낸 위대한 인공물들, 특히 예술적 가치가 있는 유산과 미술품을 전시한다.

우리나라에는 개인이나 단체가 운영하는 소규모 자연사박물관이 몇 군데 있긴 하지만, 국가가 소유하고 운영하는 국립자연사박물관은 아직 없다. 용산에 있는 국립박물관은 우리나라 역사의 하이라이트를 보여주는 종합선물세트 격이다. 미국으로 치면 워싱턴D.C.에 있는 미국역사박물관과 뉴욕 메트로폴리탄 뮤지엄의 중간 정도가 될 것이다. 과학을 대중화하고 대중의 과학적 마인드를 높이는 데 가장 효과적인 것이 자연사박물관이다. 통계를 내보지는 못했지만 노벨상 수상자를 배출한 국가치고 국립자연사박물관이 없는 나라는 없을 것이다.

이집트 미라와 빌렌도르프 비너스

예술의 도시 빈. 그 중심가엔 어마어마한 크기의 박물관 두 개가 마주 보고 서 있다. 하나는 국립자연사박물관, 다른 하나는 국립미술사박물관이다. 다시 말해 박물관 왕국의 왕과 여왕이 마주 보고 서 있는 것이다. 나는 과학자이니 발걸음은 당연히 자연사박물관으로 먼저 향했다. 사실 자연사박물관은 '자연'을 다루는 곳이라 어느 나라, 어떤 박물관을 가도 전시의 주제와 범위는 크게 차이가 나지 않는다. 다만 전시물과 전시 기법은 박물관에 따라 나를 수 있다. 이를테면 세계에서 가장 큰 다이아몬드는 워싱턴D.C.에 가야만 볼 수 있고, 인류의 조상인 루시는 에티오

피아에 가야만 볼 수 있다.

　빈 국립자연사박물관 1층을 기웃거리다보니 뜻밖의 전시물이 눈에 띄었다. 빌렌도르프의 비너스! 웬만한 미술사 교양서에는 빠지지 않고 등장하는 작품이다. 도나우 강가에서 다량 발굴됐다고 하는데 선사 시대, 그러니까 기원전 3만 년에 제작된 거라고 한다. 사진으로 봤을 때는 꽤 크고 무게도 나가는 작품일 거라 생각했는데, 실제로 보니 손가락보다 조금 큰 정도의 작은 크기였다. 원시인들이 이걸 왜 만들었는가에 대해서는 아직도 학자들 간에 의견이 분분하다지만 한 가지 의문이 들었다. 상식적으로 이것들은 길 건너 미술사박물관에 전시되어야 하는 게 아닌가? 내가 아는 한 빌렌도르프의 비너스를 다룬 과학 책은 없다.

　아무튼 뛰다시피 자연사박물관을 둘러보고 맞은편 미술사박물관으로 발걸음을 옮겼다. 한때 전 유럽을 호령한 합스부르크

빈 자연사박물관과 미술사박물관.
가운데 마리아 테레사 동상을 중심으로 왼쪽이 미술사박물관, 오른쪽은 자연사박물관

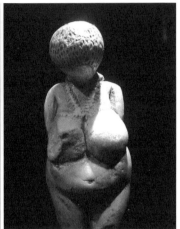

빌렌도르프의 비너스

왕가가 소장했던 미술품을 전시하는 곳이니 관람에 적어도 반나절은 필요하다. 미술사박물관은 대체로 고대 이집트, 메소포타미아, 그리스 시대부터 시작한다. 미국, 영국, 프랑스, 이탈리아, 독일, 모두 그렇다. 고대 이집트 전시실의 하이라이트는 단연 미라다. 그런데 예전에는 당연하게 생각했던 미술사박물관의 미라에 의문이 들기 시작했다. 대체 이게 왜 여기 있어야 하지? 이건 분명히 미술 작품이 아니다. 현대에 돌아가신 분을 모시는 관이나 고대의 관이나 관은 관이다. 고대의 유물이라면 당연히 미라는 자연사박물관에 전시되어야 하는 게 아닌가? 원론적으로 따지자면 이집트 미라와 빌렌도르프 비너스는 위치가 바뀐 셈이다.

결국 해석의 문제다. 현 시점에서 우리는 도나우 강가에서 캐낸 손가락 크기의 돌 조각을 예술을 향한 인류의 위대한 첫걸음으로 해석하는 것이다. 따지고 보면 그리스 시대의 항아리는 현재의 김장독과 비슷한 목적으로 구워졌을 것이고, 로마 시대의 모자이크는 오늘날로 치면 공중목욕탕의 벽면 장식이었다. 붓으로 그린 그림이긴 하지만 중세나 르네상스 시대 교회에 설치됐던 제단화도 애당초 예술 작품은 아니었다. 어쩌면 현재 동네 음식점 간판이나 아파트 벽에 그려진 아이들 낙서도 3만 년 후에는 박물관에 엄숙하게 자리 잡고 있을지 누가 알겠는가.

예술은 상대적인 것이다. 시대에 따라, 지역에 따라, 심지어 사람마다 다를 수 있다. 더 나아가 생존과 기본 생활을 벗어난 모든 행위는 예술과 직간접으로 연결된다. 오늘 입을 옷과 구두를 고르는 행위, 페이스북에 글을 올리고 댓글을 다는 행위, 저녁에 텔레비전 채널을 돌리는 행위 그리고 당연히 예술 작품을 감상하는 것 자체도 예술 행위다. 우리 삶에 예술 행위는 어떤 의미가 있는가? 무엇보다 삶을 재미있게 만든다. 내가 살아 있다는 걸, 내가 자유롭다는 걸 느끼게 한다. 때로 의외의 상황에서 답을 제시하거나 도움을 주기도 한다.

형이상학적 상상과 과학적 분석

이탈리아의 유명 의류업체 베네통은 파브리카라고 하는 자체 디자인연구소를 갖고 있다. 여기서 만든 광고는 가끔 세상에

물의를 일으키기도 하지만 예술성만큼은 자타가 공인한다. 이 연구소에 가보고 싶었는데 마침내 기회가 생겼다. 지인을 거쳐 그곳의 연구소 디렉터를 만날 수 있었는데, 그는 나를 무척 사무적으로 맞이했다. 그래도 나를 데리고 다니면서 연구소 이곳저곳을 보여주었다. 북부 이탈리아의 강한 태양, 파란 하늘, 하얀색 건물, 녹색 정원과 연못, 투명한 창문, 특히 이들이 만들어내는 그림자를 보고 있자니 마치 다른 세계에 온 것 같았다.

그런데 가만 보니 어디서 보던 장면이었다. 20세기 초 미술가 조르주 데 키리코Georges De Chirico가 떠올랐다. 그의 작품도 태양과 피사체와 그림자가 절묘한 조화를 보여주면서 현실과는 다른 신비한 느낌을 주기에 메타 피지컬 페인팅Meta-physical painting, 형이상학적 그림이라 불린다. 조심스럽게 이런 생각을 디렉터에게 말했더니 갑자기 무표정했던 얼굴이 밝아지면서 그가 큰 소리로 외쳤다. "나도 항상 그렇게 생각했어요! 그냥 나 혼자만의 생각이었는데… 우리 서로 통하는 데가 있네요." 그다음부터는 분위기가 반전됐고 내가 떠날 때 그는 생각지도 않은 선물까지 잔뜩 안겨주었다.

인류의 조상은 위험한 환경에서 스스로를 보호하고 먹잇감을 구하고 자손을 번식하게 하는 아주 초보적인 테크놀로지로 삶을 영위했다. 항상 위험에 노출되어 있는 그들의 삶은 끊임없는 서바이벌 게임 같은 것이 아니었을까? 서바이벌 게임을 하려면 무엇보다 주변을 관찰하고 상황 판단을 하는 것이 중요하다.

베네통 파브리카 디자인연구소의 전경　　　　조르주 데 키리코, 〈이탈리아 광장〉

물체의 형태와 색, 동물의 움직임, 스피드 등의 감각 능력이 가장
중요했을 것이다. 빌렌도르프의 비너스는 인체, 특히 서바이벌의
핵심인 출산을 담당하는 여체의 적나라한 표현이다. 이보다 더
큰 규모의 선사 시대 예술 작품인 동굴 벽화 역시 원시인들의 감
각 능력과 사고의 극적인 표현이라고 볼 때 예술의 역사는 선사
시대로 거슬러 올라간다.

　반면 과학은 좀 다르다. 자연 현상을 객관적으로 해석하는 것
이 과학의 핵심이라고 한다면, 과학의 역사는 기원전 약 500년
고대 그리스 시대에 시작된다. 이때부터 이 세상의 근원은 물이
다, 아니 불이다, 물불 가릴 것 없이 공기가 맞다 등의 갖가지 이
론이 쏟아져 나왔다. 그러다가 이론도 중요하지만 그 이론을 검
증하려면 실험 과정을 반드시 거쳐야 한다는 공감대를 형성한
계몽주의 시대에 들어서야 자연철학이라는 이름하에 과학이 체

계적으로 발전하기 시작했다. 연역적 추론 방식이란 과학 체계를 처음으로 구축한 사람은 철학자 프랜시스 베이컨, 2014년까지 세계 최고의 경매가를 기록했던 영국 화가 프랜시스 베이컨의 직계 선조인 프랜시스 베이컨이었다(두 사람은 이름도 같다). 더구나 '과학자'라는 단어는 한참 후인 1863년 영국에서 가장 먼저 사용되기 시작했다. 그러니까 연구를 하는 대가로 보수를 받는 과학자라는 직업군이 생겨난 것은 지금으로부터 불과 150여 년 전의 일이다.

"예술은 길고 인생은 짧다"라는 격언에 비유하자면, 예술의 역사는 길고 과학의 역사는 짧다. 그러나 이보다 더 중요한 것은 예술과 과학이 서로 대치되는 것이 아니라 상호 보완적일 뿐만 아니라 사회의 성장 엔진이라는 것이다. 사회를 커다란 수레에 비유한다면 예술과 과학은 수레를 앞으로 전진시키는 두 바퀴에 해당한다. 예술은 미래를 꿈꾸고 제시한다. 그리고 과학은 미래를 실현한다.

세상에 여러 직종이 있지만 대부분 과거형이거나 현재형이다. 반면 예술가와 과학자는 새로운 창작을 하고, 새로운 이론을 제시하는 미래형 직종이다. 항상 새로움을 추구하는 것이 예술과 과학의 본질이다. 수레가 앞으로 똑바로 나아가기 위해서는 두 바퀴가 같은 속도로 회전해야 한다. 그러려면 당연히 두 바퀴가 연결되고 서로 대화해야 한다. 예술과 과학이 소통해야 하는 이유다.

온라인 게임이나 인터넷 문화를 보라. 이제 새로운 기술은 전체적이고 장기적인 영향에 대해 고민할 시간적 여유를 주지 않고 곧바로 여과 없이 사회의 주류가 되고 있다. 따라서 과학기술도 하나의 문화 현상으로 보아야 하고, 더 나아가 현대 사회에서 과학은 문화의 핵심이라고 볼 수 있다. 그렇다면 과학이라는 문화의 핵심을 예술이 다루어야 하는 건 당연한 일 아닌가? 더군다나 과학기술은 우리의 생활 구석구석, 더 나아가 생명에까지 직접적인 영향을 미치고 있다. 생활과 생명에 관한 이슈는 예술과 직결되어 있고, 따라서 예술가는 이러한 과학기술의 영향과 본질에 대해 분석하지 않으면 안 된다. 과학이 발전하면서 다루기 시작한 보다 근본적인 주제들, 즉 생명의 근원, 사고의 근원, 우주의 근원, 감정의 근원은 바로 예술의 영역인 것이다.

르네상스맨
레오나르도 다빈치

이 세상에는 세 종류의 인간이 있다.
볼 수 있는 사람, 보여주면 보는 사람
그리고 보지 못하는 사람.

레오나르도 다빈치ㅣLeonardo da Vinci

3
—

　　　　　　　　　　　　　　우리가 살고 있는 시대를 대표
하는 단어 하나를 고르라면 '융합'이 가장 적합하지 않을까? 융
합은 이질적인 것을 합쳐서 새로운 것을 만든다는 뜻이다. 왜 융
합이 대세인가? 기술 발전으로 이 세상은 엄청 복잡해졌다. 복잡
하다는 것은 무슨 뜻인가? 단순하던 예전 삶과 달리, 현대 사회
는 온갖 이질적인 요소들이 한데 뒤섞여 있다는 것이다. 이질적
인 것들을 개별적으로 다루지 않고 조화롭게 합쳐놓으면 거기서
새로운 가치가 생겨난다. 그걸 융합이라고 한다.

　　한식과 양식을 그냥 섞으면 먹지도 못하는 음식이 되지만 융
합하면 새로운 퓨전 음식으로 탄생할 수 있고, 로봇공학과 생물
학을 융합하면 거미처럼 벽을 기어오르는 로봇을 만들 수 있다.
자연계에도 무수한 융합이 일어나고 있다. 기체인 수소와 산소
가 융합해서 생명의 원천인 물을 만들어낸다. 밝게 빛나는 태양

역시 핵융합의 산물이다. 융합의 대상은 다양하고 넓다. 특히 과학과 예술의 융합, 이공학과 인문사회학의 융합은 21세기 핵심 담론 중 하나가 됐다. 그 선행 조건으로 고등학교 문과와 이과 구분을 없애거나 완화하자는 움직임도 있다.

나 역시 과학기술과 문화예술을 융합하자는 취지로 2005년 카이스트에 문화기술대학원을 설립했다. 무엇을 어떻게 교육해야 할지 방향이 서지 않았지만 한 가지 확신은 있었다. 다양한 전공 배경을 가진 학생들이 서로를 이해하고 생각을 공유하면서 함께 연구하다보면 무언가 새로운 것이 나오리라 생각했다.

그리고 문화기술대학원의 신입생 연구실을 '다빈치 스튜디오'라고 이름 지었다. 신입생들은 전공 분야, 지도교수를 가리지 않고 첫 학기에는 무조건 다빈치 스튜디오에서 함께 공부하고 연구해야 한다. 나중에 이 학생들이 졸업할 때 설문조사를 했다. 대학원에 다니면서 가장 좋았던 것을 물었더니 그들은 이구동성으로 답했다. 첫 학기 다빈치 스튜디오에서 전공이 다른 학우들과 함께 공부했던 시간이라고.

다빈치는 레오나르도 다빈치를 지칭한다. 융합을 거론할 때 다빈치는 빠짐없이 등장한다. 본격적인 이야기에 앞서 바람직한 융합형 인간의 상징이 된 레오나르도 다빈치에 대해 알아보자.

레오나르도 다빈치의 자화상. 자신이 직접 그렸을 것이라고 추측된다.

다빈치는 르네상스 시절, 세계 최고 도시인 피렌체에서 약 40 킬로미터 떨어진 작은 마을 빈치Vinci에서 태어났다. 아버지 세르 피에로는 스물다섯 살, 어머니 카타리나는 열여섯 살이었다. 아버지는 중산층 변호사였고 어머니는 출신 성분이 불분명했다. 혼외 출산인 데다 어머니의 사회적 신분이 낮은 탓에 다빈치는 아버지의 성을 쓸 수 없었다. 레오나르도 다빈치는 '빈치 마을의 레오나르도'란 뜻이다. 나중에 유명해졌을 때는 '피렌체의 레오나르도'라고도 불렸다. 정작 본인은 작품에 '레오나르도'라고만 서명을 남겼다.

다빈치는 출신 성분 탓에 대학 입학도 불가능했고, 화이트칼라 직업을 얻을 수도 없었다. 다빈치의 아버지는 그가 열네 살 되던 해에 베로키오라는 유명한 화가의 공방에 그를 도제로 들여보냈다. 여기서 실력을 갈고닦은 다빈치는 스무 살 때 독자적인 공방을 운영할 수 있는 자격을 취득했으나 5년을 더 기다렸다가 스물다섯 살에 자신의 공방을 차렸다.

창업 초기에는 주문도 많이 받고 좋은 작품도 만들었다. 피렌체 사람들의 시선은 모두 다빈치에게 쏠렸다. 이대로라면 피렌체 최고의 공방이 되는 것은 시간 문제였다. 그런데 이때부터 평생 동안 그를 따라다닌 세 가지 고질적인 문제가 발생했다. 첫째, 관심 분야가 너무 많다. 둘째, 완벽주의를 추구한다. 셋째, 한 가

레오나르도 다빈치, 〈동방박사의 경배〉

지에 집중하면 다른 것은 안중에도 없다.

이런 성격 탓에 대작을 주문받아놓고 계약을 어기기 일쑤였다. 미완성인 작품 몇 개는 지금도 밑그림이나 스케치로 남아 있다. 그중 〈동방박사의 경배〉라는 그림은 미완성 상태에서도 선원근법을 지키면서 유기적인 구도와 완벽한 조화를 보여줘 제작초기부터 화제를 모았다. 그러나 이 그림 역시 다빈치는 미련 없이 중단해버린다. 이런 상황이 두어 차례 반복되다 보니 어떤 고객은 소송을 걸었고 어떤 고객은 마냥 기다릴 수 없어서 다른 화가를 시켜 나머지 부분을 완성시키기도 했다. 그러다 보니 고객은 떨어져 나갔고, 피렌체의 가장 큰 후원자인 메디치도 손을 들고 말았다. 교황이 메디치에게 피렌체 최고의 화가들을 추천해달라고 했을 때 다빈치를 명단에 넣지 않은 걸 봐도 알 수 있다. 결국 다빈치의 공방은 문을 닫아야 했다.

공방을 말아먹은 다빈치는 돌파구를 찾기 시작한다. "그래, 피렌체를 떠나자. 요즘 새로 뜨는 도시에서 내 꿈을 펼치자." 다빈치는 막 번창하기 시작한 밀라노를 염두에 두었다. 밀라노의 군주 스포르차 대공은 다빈치의 이력서를 살폈다. 무기 제작자, 작곡가, 연주자, 도시 계획가, 건축가, 파티 기획자, 무대 설계가. 그리고 마지막 줄엔 이렇게 적혀 있었다. "필요하면 그림도 그릴 수 있음".

그림이 주업인 다빈치가 왜 이력서를 이렇게 작성했는지 알 수 없지만, 어쨌든 다빈치는 스포르차 대공의 스태프로 취직한다. 이력서에 기재한 대로 그는 밀라노에서 10년 넘게 그림 그리는 것을 제외하고 온갖 일을 다 했다. 보스인 스포르차 대공이 시키는 일 외에 시체 해부도 시작했다. 그는 평생 30여 구의 시체를 해부했다. 그 후 100년간 어떤 의사나 의학자도 그보다 많은 숫자의 시체를 해부한 경우는 없었다.

〈최후의 만찬〉은 그 시대 가상현실

밀라노에서 타향살이한 지 어언 10년, 다빈치는 그 당시 평균 수명인 40세를 훌쩍 넘겼다. 이루어야 할 것은 이미 이루었어야 할 나이였다. 이를테면 보티첼리의 〈비너스의 탄생〉, 미켈란젤로의 〈천지창조〉, 브루넬레스키의 〈피렌체 성당〉처럼 말이다. 그런데 당시 다빈치는 변변히 내세울 것이 없었다. 그는 스포르차 대공을 조르기 시작한다. 그래서 맡은 일이 산타 마리아 델레 그라치에 수도원 반지하에 있는 식당에 벽화를 그리는 것이었다.

그런데 한 가지 문제가 있었다. 그때까지 다빈치는 벽화를 그려본 적이 없었다. 베로키오 밑에서 일하던 도제 시절에도 벽화 작업은 해본 적이 없었다. 벽화는 일반 그림과는 다르다. 축축한 시멘트 벽에 수성 물감을 칠하면 색깔이 벽에 스며들면서 벽이 마른다. 말하자면 벽 자체가 그림이 되는 것이다. 이런 이유로 오늘날에도 고대 벽화가 아직 보존되어 있다. 반면 유화는 다르다. 캔버스 천이나 나무에 물감을 바르는 것이다 보니 오래되면 겉에 칠한 물감이 갈라지기도 하고, 변색되기도 하고, 떨어져 나가기도 한다. 우리가 알고 있는 소위 명화들은 대부분 복원 작업을 한두 번 거쳤다고 보면 된다.

미켈란젤로나 보티첼리처럼 벽화 전공은 아니지만 절호의 기회를 놓칠 수 없었던 다빈치는 이 프로젝트를 맡기로 한다. 실제 벽에 매달려 작업한 시간보다 준비하는 데 더 많은 시간과 노력을 들인 것은 훗날 화제가 된 그의 노트에 잘 나와 있다. 〈최후의 만찬〉은 그 당시의 가상현실이었다. 수도승들이 식사하는 식당 전면부에 그려진 예수와 12사도의 식사 장면은 단순히 벽에 그려진 그림이 아니었다. 수도승들이 예수가 주관한 최후의 만찬에 초대되어 극적인 순간을 함께하는 착각을 불러일으키도록 디자인된 것이었다.

〈최후의 만찬〉이 갖는 예술성과 가상현실적 과학성에 대해서는 요즘도 심심치 않게 학술 논문이 발표되고 있다. 그러나 이 작품에는 치명적인 문제가 하나 있었다. 다빈치는 이 벽화를 자신이 가장 잘하는 방식으로 제작했다. 즉, 유화 제작 방식을 따른 것이다. 그러다 보니 작품이 완성되자마자 색채가 변하고 벗겨지기 시작했다. 반지하인 식당의 습기가 작품의 훼손을 가속했다. 후대의 변변치 못한 화가들이 덧칠을 하고, 임시방편으로 보수를 하는 동안 작품은 더 훼손됐다. 다행히도 최근에 이것들을 다 벗겨내고 가급적 오리지널에 충실하게 복원 작업을 했으며 일반인들에게도 개방되어 있다.

모나리자의 미소는 미소가 아니다?

다빈치는 밀라노에서 20년 가까이 지내다가 밀라노가 프랑스의 침공을 받아 스포르차 대공이 몰락하자 40대 후반에 고향

페테르 루벤스, 〈앙기아리 전투〉

인 피렌체로 돌아왔다. 이 시기에 보르자 대공이라는 귀족 밑에
서 수석군사기술자로 임명되어 각종 첨단 무기를 설계하고 군사
용 지도를 제작하기도 했다. 지형도 살필 겸 취미 삼아 전국의 산
을 누비고 다니고 기하학에 몰두한 것도 이 시기였다. 대형 제단
화를 의뢰받기도 했지만 스케치만 해두고 10년 후에나 완성했
다. 피렌체 시에서 의뢰받은 대형 벽화는 1년 가까이 걸려서 밑
그림까지는 그렸는데, 색을 칠하는 과정에서 뜻대로 되지 않아
미련 없이 팽개쳐버렸다. 50년 후에 바사리라는 화가가 그 위에
다른 그림을 그릴 때까지 〈앙기아리 전투〉라는 제목의 이 미완
성의 벽화는 방문객의 찬사를 받았다. 100년 후 바로크 시대의

거장 페테르 루벤스는 이 미완성 벽화의 하이라이트 부분을 최대한 원본에 가깝게 그려내기도 했다.

몇 년 전에 한 학자가 바사리의 벽화 뒤에 다빈치의 오리지널 벽화가 그대로 있을 거라고 주장해 발굴 작업을 시도했지만, 잘못하면 바사리의 벽화마저 손상될 것이라는 반대에 부딪쳐 작업을 중단했던 사건은 아직도 기억에 생생하다.

이렇게 그림 그릴 시간도 없이 바쁜 와중에, 무슨 영문이었는지 다빈치는 어느 기업가가 부탁한 그의 아내의 초상화 작업에는 많은 공을 들였다. 인물의 내면을 표현하기 위해 화려한 의상 대신 검정색 의상에 장신구도 걸치지 못하게 하고, 자연광을 사용하기 위해 실내가 아닌 정원으로 작업장을 옮기고, 자연스런 표정을 위해 모델 옆에서 라이브 음악을 들려주기도 했다. 그의 예술 세계가 망라된 저서《회화론》에 언급된 모든 기법, 모든 자세, 모든 예술 정신이 이 작품에 녹아들었다고 보면 된다.

이렇게 4년여에 걸쳐 일차 완성된 작품이 바로 〈모나리자〉다. 일차 완성이라고 하는 이유는 이후에도 그가 지속적으로 작품을 수정했기 때문이다. 나중에 쓸쓸히 이탈리아를 떠나 프랑스로 향할 때도 〈모나리자〉만큼은 항상 곁에 두었다. 그렇기에 〈모나리자〉는 오늘날 프랑스 파리 루브르 박물관에 걸리게 된 것이다.

오늘도 루브르 박물관 모나리자 앞은 칸 영화제 레드카펫 인파가 무색할 정도로 디지털 카메라를 높이 치켜든 사람들로 북새통이다. 안젤리나 졸리의 매력을 제대로 느끼려면 멀리서 카메라를 들이대는 것보다 영화 〈미스터 앤드 미세스 스미스〉를 보는 것이 더 나은 것처럼, 〈모나리자〉를 제대로 감상하려면 루브르에 가는 것보다 인터넷에서 초고화질 사진을 검색하는 것이 더 좋다. 그럼에도 사람들은 오리지널을 찾는다. 디지털 기술의 무한 복제 기능으로 인해 이제 복사본이 오리지널보다 더 오리지널 같은 시대다. 그러나 복사본이 많을수록, 복사본이 원본과 구별할 수 없을 정도로 질이 좋아질수록, 원본의 가치는 더 커진다.

다빈치가 죽은 후 〈모나리자〉를 갖게 된 프랑스 국왕은 〈모나리자〉를 침실에 걸어두었다가 얼마 지나지 않아 다시 떼었다고 한다. 이유는 모나리자의 미소가 섬뜩해서였다. 나도 이해가 간다. 독자들도 현재 사귀고 있는 애인이나 함께 살고 있는 부인

루브르 박물관의 〈모나리자〉

이 그런 미소를 지으면 등골이 오싹할 것이다. 이 미소의 정체는 무엇일까? 미국 어느 연구팀이 분석한 결과에 의하면 이 미소의 성분은 기쁨, 분노, 슬픔, 놀라움, 심지어는 경멸감이 복합적으로 구성된 거라고 한다. 다시 말하면 인간으로서는 표현할 수 없는 표정이라는 이야기다.

다빈치 노트

말년에 다빈치는 교황의 초대를 받아 로마에 정착한다. 원로 예술가로서 그에 합당한 대우를 받긴 했으나, 미켈란젤로나 라파엘로와 같은 차세대 화가들에 밀려 더 이상 작품 의뢰가 들어오지 않았다. 이렇게 로마에서 육체적인 안락과 정신적인 고통을 겪고 있을 때 프랑스 국왕 프랑수아 1세가 다빈치를 궁정화가로 초대했다. 로마에서 자신의 역할을 찾지 못하고 있던 다빈치가 프랑스 국왕의 제안을 마다할 이유가 없었다. 그는 로마를 떠나 알프스를 넘어 3개월간의 마차 여행 끝에 국왕이 마련해준 클로 뤼크 저택에 도착했다. 그리고 그곳에서 3년간 편안하게 살다 세상을 떠났다.

그는 밀라노 시절부터 꾸준히 노트를 써왔다. 여느 일기장과 달리 그의 노트에는 연구 내용부터 시작해서 금전 거래, 식단 등이 상세히 기록되어 있다. 그는 무려 2만 장에 달하는 자신의 노트를 정리해서 책으로 출간할 계획이었다. 그러나 불행히도 그의 계획은 실행되지 않았고, 그의 낱장 노트는 적당히 분리되어 유럽 여러 곳으로 흩어졌다. 그 과정에서 1만 3000장은 영원히 사라졌다. 현재 약 7000장이 남아 있는 것으로 추정되는데, 그중 라이세스터 코덱스라는 일부 노트는 1995년 빌 게이츠가 3000만 달러에 구입했다.

다빈치의 노트에는 한 가지 특별한 점이 있었다. 왼손잡이였던 그는 글을 오른쪽에서 시작해서 왼쪽으로 써 나갔다. 그것도 글자를 뒤집어썼다.

그러니까 사람들이 그의 글을 읽으려면 거울에 비친 상을 봐야 한다. 이와 유사한 사례가 있다. 록 기타리스트 지미 헨드릭스는 왼손잡이였다. 그래서 그는 기타를 반대편으로 들었다. 여기까지는 놀랍지 않다. 비틀즈의 폴 매카트니를 비롯해서 왼손

로마 건축가 비트루비우스의 이론을 따라 다빈치가 그린 인체 비례도. 다빈치 노트에 수록되어 있다.

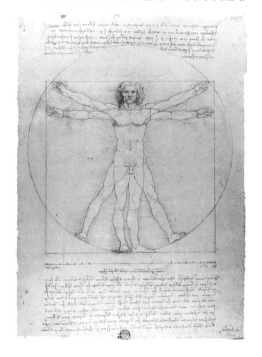

잡이 기타리스트는 많다. 그런데 헨드릭스는 기타줄을 바꾸지 않았다. 이렇게 되면 기존의 핑거링이 아무 소용없게 된다. 모든 테크닉을 자신이 새로 개발해야 한다. 그는 단 한 번도 기타 레슨을 받지 않았다. 새로운 음악 세계를 스스로 창조한 것이다. 헨드릭스는 28세의 젊은 나이에 요절했다.

다빈치는 67세까지 살았으니 당시 평균수명을 30년이나 넘겼다. 그가 할아버지(96세 사망)나 아버지(77세 사망)만큼 오래 살았더라면 지금은 사라져버린 1만 3000쪽의 노트가 책으로 출간됐고, 인류의 삶이 지금과 크게 달라졌을지도 모른다. 그의 노트

장 외귀스트 도미니크 앵그르, 〈레오나르도 다빈치의 죽음〉

에는 오늘날의 헬리콥터, 잠수복, 낙하산, 자전거, 동력장치, 시계, 반사망원경, 컴퓨터 등에 해당하는 각종 기발한 기계들이 등장하기 때문이다. 노트 한구석에선 "지구는 태양을 중심으로 돈다"라는 낙서도 발견됐다. 갈릴레이보다 100년 앞서서 말이다.

화가로서 다빈치는 10여 점의 작품만을 남겼다. 다른 사람과 공동 작업을 한 것으로 보이는 작품들을 모두 합쳐도 20점이 안 된다. 그러나 그의 천재성을 확인하는 데는 단 2점 — 〈최후의 만찬〉과 〈모나리자〉 — 만으로 충분할 것이다.

다빈치 자신은 아쉬운 것이 많을 수 있지만 당시의 최고 권력자들 — 피렌체의 메디치 가문, 밀라노의 스포르차 공작, 로마 교황, 프랑스 국왕 루이 12세와 프랑수아 1세 — 은 그의 천재성을 높이 샀고 그에게 많은 것을 제공했다. 오죽하면 다빈치가 프랑수아 1세의 품에 안겨 마지막 숨을 거두었다는 전설이 생겼고, 이 장면이 거장 앵그르의 그림으로도 남아 있겠는가. 다빈치는 계약과 관련해서 법적 소송도 여러 차례 당했지만 창작자를 우대하는 당시 사회 분위기 덕분에 명예가 실추되거나 경제적으로 크게 타격을 받지도 않았다.

만일 다빈치가 21세기 한국에 태어난다고 하자. 우리 사회가, 우리 예술계가, 우리 과학계가 그의 천재성과 독창성을 꽃 피우게 할 수 있을까? 어쩌면 이미 어딘가에 어린 다빈치가 숨어 있을지도 모른다. 그를 찾아내는 것, 아니 그를 길러내는 것이 우리가 할 일이다.

르네상스 시대의
가상현실

회화는 눈에 보이는 것들을
어떻게 재현할지 연구하는 분야다.

레오네 바티스타 알베르티 Leone Battista Alberti

4

―

외국의 낯선 도시를 여행할 때 가장 힘든 게 길 찾기다. 요즘은 데이터 로밍과 스마트폰만 있으면 구글 지도에 내 위치가 정확히 표시되고 목적지까지의 경로도 알려주니 많이 좋아졌다. 다만 지금 내가 어느 방향을 향하고 있는지 알아내기 위해선 조금 머리를 써야 한다. 물론 스마트폰 나침판 기능과 현재 태양의 위치를 파악해서 지도를 정확한 방향으로 돌려놓을 수 있긴 하지만, 어렸을 때 보이스카우트 활동도 하지 않았고 군대에서 유격훈련도 받지 못한 나 같은 사람들에게는 버거운 일이다.

방향을 알아내는 가장 손쉬운 방법은 주위를 둘러보고 성당이나 기차역 등 랜드마크를 찾은 후 지도상에 표시된 건물의 위치와 대조해보는 것이지만, 이 방법 역시 베네치아와 같이 비슷비슷한 건물들이 미로를 이루고 있는 도시에선 먹히지 않는다.

유명 박물관이나 미술관에 갔을 때도 유사한 상황이 벌어진다. 루브르 박물관에 가면 친절하게도〈모나리자〉전시실까지 가는 방향을 여기저기 표시해놓았지만, 일단〈모나리자〉를 보고 나면 그다음 목적지를 제대로 찾는 것은 아예 포기하는 게 좋다. 한참 돌아다니다보면 원위치로 돌아오거나 목표로 했던 전시실에서 더 먼 곳에 와 있는 자신을 발견하게 될 것이다. 그리고 얼마 지나지 않아 목에 걸고 있는 카메라와 오디오 가이드 그리고 어깨에 멘 가방 속 여행안내서가 벽돌처럼 느껴지기 시작하면 어쩔 수 없이 다음을 기약하며 박물관을 나서게 된다.

그런데 이걸 한 방에 해결하는 기술이 있다. 이미 들어봤겠지만 증강현실Augmented Reality이라는 기술이다. 필요할 때 스마트

증강현실

폰을 꺼내서 주위를 둘러보면 원하는 정보가 카메라 화면에 중첩되어 나타난다. 얼마 안 가서 스마트폰도 필요 없어질 것이다. 끼고 있는 안경 렌즈가 스마트폰 화면을 대신해줄 테니 말이다. 여기서 끝이 아니다. 내 앞에 서 있는 사람이 누구인지, 언제 만난 적이 있는지, 심지어는 그 사람과 어떤 대화를 하면 좋을지 등의 추천 서비스도 제공될 것이다. 증강현실은 말 그대로 현실 세계를 보강 내지 증강해주는 기술이다.

브루넬레스키의 증강현실

약 600년 전 르네상스 시절, 건축가 필리포 브루넬레스키 Philippo Brunelleschi는 재미있는 실험을 했다. 그는 먼저 건물 하나를 그리기로 하고 적당한 위치를 잡은 후 그 위치를 정확히 표시했다. 그런 다음 스튜디오로 돌아와 나무판 위에 그 건물을 최대한 사실적으로 그린 후, 시선 중앙에 해당하는 부분에 작은 구멍을 뚫었다. 이것으로 모든 준비가 끝났다. 손거울 한 개와 건물이 그려진 나무판을 들고 표시한 위치로 돌아온 그는 거울을 든 왼손을 최대한 앞으로 빼고 오른손으로는 그림이 그려진 쪽이 바깥을 향하게 하고 나무판을 들어 구멍을 통해 거울을 들여다봤다. 자, 무엇이 보였을까?

만일 나무판에 그린 그림이 사실과 구별할 수 없을 정도로 똑같다면 실제 육안으로 건물을 보는 것과 구멍을 통해 거울에 반사된 그림을 보는 것이 별 차이가 없을 것이다. 만일 나무판에 건물에는 없는 가상의 장면을 추가했다면 나무판 구멍을 통해 본 장면은 실제 상황에 더해져서 가상의 장면이 중첩되어 나타나는 효과를 연출할 것이다. 이것이 바로 증강현실이다.

르네상스 3대 추남 중 한 명으로 알려진 브루넬레스키는 피렌체의 두오모 성당을 설계하고 건축한 사람으로 유명하다. 참고로 나머지 추남 2명은 단테와 미켈란젤로다. 피렌체는 어떤 도시인가? 르네상스 시대에 가장 잘나갔던 이탈리아의 3대 도시 로마, 베네치아, 피렌체는 현재 미국의 3대 도시인 뉴욕, 시카고, 로스앤젤레스에 비교할 수 있을 것이다. 그중에서 피렌체는 르

필리포 브루넬레스키의 실험.
건물 그림을 그렸던 시선에
해당하는 위치에 작은 구멍을 뚫고
그 구멍을 통해 거울을 들여다본다.

네상스가 시작된 원조 도시로서 뛰어난 인재가 활약하고 경제를 주름잡은, 요즘 말로 하자면 창조도시였다. 이를테면 파블로 피카소, 어니스트 헤밍웨이, 스티브 잡스, 스티븐 호킹이 같은 시대에 같은 도시에서 활약했던 것 정도로 생각하면 된다.

세계 최고 도시에는 당연히 세계 최고로 높고 크고 우아한 건물이 있어야 한다. 요즘이라면 세계무역센터를 짓겠지만 그 당시 막대한 건축 자금을 모을 수 있는 곳은 종교계밖에 없었다. 피렌체 성당은 1250년부터 지어지기 시작했지만 1418년 브루넬레스키가 최종 설계안을 제시하기 전까지 무려 150년 넘게 성당의 가장 중요한 부분인 중앙 돔을 올리지 못하고 있었다. 사실 피렌체 시의회가 돔을 고집하지 않았더라면 그 당시 유행하는 고딕 양식으로 크고 높게 짓는 데는 기술적인 문제가 전혀 없었다.

실제로 라이벌 도시 밀라노에는 고딕 양식의 두오모 성당이 지어졌다. 그런데 로마의 직계 후손을 자처하는 피렌체에 이는 불가능한 일이었다. 고딕 양식 건물은 프랑스나 독일 같은 야만인들에게나 어울리는 것으로, 피렌체 도심에 고딕 건물이 들어오는 것은 마치 경복궁 앞에 조선총독부 건물이 들어서는 것만큼이나 자존심이 허락하지 않았다. 문제는 지름이 무려 44미터인 돔을 어떻게 올리느냐는 것이었다.

문제가 생길 때 공무원이 하는 일은? 전문가들로 구성된 위원회를 만드는 것이고 피렌체도 역시 그렇게 했다. 그런데 위원회는 전문성이 떨어지는 것은 물론이고 책임을 지는 집단은 더 더욱 아니었다. 고민 끝에 피렌체의 위원회는 시민들에게 공모를 했고, 그 결과 온갖 기발한 아이디어들이 제시됐다.

예를 들면 이런 식이다. 일단 흙으로 돔과 똑같은 형태의 동산을 만들고 그 위에 돌로 돔을 쌓은 다음 흙을 퍼낸다. 그런데 그 흙을 누가 퍼내는가? 흙으로 돔을 쌓을 때 돈을 여기저기에 함께 묻어두자. 그러면 시민들이 돈을 캐기 위해 흙을 퍼내지 않겠는가. 어려운 문제가 있을 때, 판만 벌여놓고 일반인들을 참여시켜 문제를 해결하는 방법, 오늘날 용어로 이런 걸 크라우드 소싱Crowd Sourcing이라고 한다.

브루넬레스키도 공모에 제안서를 제출한 사람 중 한 명이었는데, 우여곡절 끝에 그의 설계안이 채택됐다. 곧바로 시공자 선정 입찰 공고가 뜨는 바람에 브루넬레스키는 시공자로도 선정됐다. 요즘 같으면 어림도 없는 일이다. 동대문디자인플라자를 설계한 세계적인 건축가 자하 하디드가 설계만이 아니라 시공도 하고, 감리도 하는 꼴이니 말이다. 아무튼 브루넬레스키는 대단한 디자이너이자 엔지니어였다. 그 당시에는 생소한 건설 일정표, 안전수칙, 출퇴근 펀치 같은 걸 만들어 실행하고, 오늘날 고층 건물 공사 현장에서 볼 수 있는 수직으로 비쭉 튀어나온 크레인도 개발했다. 심지어 대리석과 목재 같은 원자재 공급까지 책임졌다.

파리에 에펠탑이 있다면 피렌체에는 브루넬레스키의 두오모성당이 있다. 에펠탑을 배경으로는 멋진 인증샷을 찍을 수 있으

나 두오모 성당에서는 불가능하다. 셀카 화면에 다 들어오지 않을 정도로 건물이 크기 때문이다. 돔을 가장 멋있게 찍으려면 건너편 산에 올라가는 게 좋다. 현대적 의미에서 최초의 엔지니어인 브루넬레스키는 두오모 성당의 지하 묘지에 묻혀 있다.

알베르티의 선원근법

레오네 바티스타 알베르티는 모든 것을 갖춘 사람이었다. 수려한 외모, 지체 높은 집안, 박식한 지식, 뛰어난 운동신경…. 그가 교황을 수행하여 로마를 출발, 피렌체에 도착한 것은 한창 두오모 성당이 올라가고 있던 때였다.

그는 인문학뿐 아니라 첨단 과학에도 정통했다. 회화는 알베르티가 생각하는 가장 고귀한 정신 활동과 가장 연마된 육체 활동의 결합이었다. 그는 회화에 관한 자신의 연구에 가장 추상적인 자연과학, 즉 수학을 도입했다. 그러니까 최초로 예술과 인문학과 과학을 융합한 연구를 한 셈이다. 그는 자신의 연구 결과를 《회화론》이란 책으로 남겼다. 그리고 그 책을 브루넬레스키에게 헌정했는데 이것은 그 당시 사회 통념을 깨는 일이었다. 고귀한 인문학자가 세속적인 작업을 하는 엔지니어에게 일생의 걸작을 바쳤으니 말이다.

알베르티가 저술한 《회화론》의 하이라이트는 선원근법이다.

알브레히트 뒤러의 원근법 실험

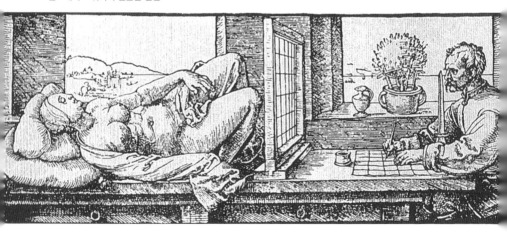

그 핵심은 기하학이지만 그렇게 어렵지는 않다. 그러나 고등학교 수학 과외 선생을 해본 경험이 있는 내 아내에게 선원근법을 이해시키려 도전해봤으나 결과는 썩 좋지 않았다. 그럼에도 불구하고 여기서 선원근법을 설명하는 이유는 간단하다. 이걸 이해해야 다음 장으로 넘어갈 수 있고, 이 책 전체를 즐길 수 있기 때문이다. 자, 시작하자.

현실과 똑같이 그리는 가장 효과적인 방법은 일찍이 알브레히트 뒤러 Albrecht Dürer가 확실하게 알려줬다. 기하학을 다룬 그의 저서에 실린 목판화에서 묘사한 것처럼, 그리려고 하는 대상과 화가 사이에 창문틀을 하나 배치한 후 창문을 그대로 '복사'하는 것이다. 이걸 한마디로 요약하면 "아는 대로 그리지 말고 보는 대로 그려라"이다.

선원근법의 원리

여기에는 수학이 개입할 여지도, 필요도 없다. '보는 대로 그리는' 방식의 핵심은 두 가지 단순한 원리에 기반한다. 첫째, 빛은 직진한다. 둘째, 인간의 눈은 빛을 모으는 역할을 한다. 이 두 가지 원리를 적용하면 인간이 세상을 보고 그 세상을 영상으로 변환하는 현상을 그림으로 도식화할 수 있다. 사물이 멀어지면 화면에는 작게 보이고, 가까우면 크게 보일 거라는 사실은 이 그림에서 쉽게 확인할 수 있다.

이 사실은 선원근법 이전에도 잘 알려져 있었다. 르네상스 이전 중세 시대 그림이나 동양화에서도 먼 곳에 위치한 사람은 작게, 가까운 사람은 크게 그려져 있다. 다만 선원근법은 거리에 따라 얼마나 커지고 작아지는지를 포함해서 눈에 보이는 것 모두를 정확하게 수학적으로 계산하는 방법을 제공한 것이다.

선원근법으로 알게 된 또 하나의 재미있는 사실은 기차 레일처럼 공간상에서 평행한 직선들은 그림에서는 한 점에 모인다는 것이다. 르네상스 시대 화가들은 이 사실을 엄청난 우주의 비밀로 여겼던 모양이다. 선원근법을 적용한 그림들을 보면 하나같이 바닥 면을 체스판과 같이 규칙적인 패턴으로 처리해서, 바닥 면의 평행한 직선들이 정확하게 한 점에 모이게 했다는 사실을 은연중에 뽐내고 있다.

때로 화가는 현실에 있는 것만 그리는 것이 아니라 존재하지 않는 것도 그려야 할 때가 있다. 라파엘로가 바티칸 성당 서재에 그린 벽화 〈아테네 학당〉을 보자. 그 당시 기준으로 인류 역사를

라파엘로 산치오, 〈아테네 학당〉

대표하는 위대한 학자들을 망라한 이 그림은 고대 그리스 신전 같은 멋진 건물을 배경으로 하고 있다. 물론 이 배경 건물은 라파엘로가 가상으로 고안한 것이다. 그림 그리는 과정을 좀 더 가까이 들여다보자. 기본적인 과정은 앞서 보았던 뒤러의 창문 경치 베끼기와 동일하다. 다만 다른 점은 실제 건물 대신 화가가 마음속으로 생각하고 디자인한 건물을 선원근법을 통해 가져다놓는 것이다.

알베르티는 르네상스 시대 교양인답게 글을 쓰는 일만 한 게 아니라 건물도 설계했다. 브루넬레스키 역시 두오모 성당 외에 몇 개의 기념비적인 건물을 지었고 대부분 아직도 남아 있다. 따라서 두 사람 모두 건축가로 볼 수 있다. 그렇다면 선원근법은 왜 화가가 아니라 건축가가 먼저 발명했을까? 건축가의 결과물은 설계도다. 악보만 보고 음악을 머릿속에 재생할 수 있는 사람이 드물 듯이, 설계도를 보고 그 건물이 지어지면 어떤 모양이 될지 알 수 있는 사람은 많지 않을 것이다. 우리가 아파트 청약 전 모델하우스에 가보는 이유도 그 때문이다.

르네상스 시절에도 모델하우스를 지었다. 그런데 이건 매우 많은 돈이 드는 일이다. 아직 지어지지 않은 건물을 미리 그려낼 수 있다면 얼마나 좋을까? 이 대목에서 선원근법이 등장한다. 설계도만 있으면 선원근법을 적용해서 사실적인 그림을 그려내는 것은 식은 죽 먹기다. 앞서 소개한 브루넬레스키의 증강현실 실험은 알베르티의 선원근법 이론을 검증하기 위한 것이었다.

건축가들이 개발한 선원근법은 화가들에게 더 도움이 됐다. 선원근법이라는 첨단 기술을 받아들인 화가들은 눈에 보이는 것뿐 아니라 화가의 마음속에 있는 가상의 장면까지 사실적으로 그려낼 수 있게 됐다. 이제 현실을 얼마나 사실적으로 재현할 수 있는가의 긴 레이스가 시작됐다. 물론 여기에는 '현실'이라는 것이 무엇인가, '사실적'이라는 것이 무얼 의미하는가와 같은 철학적 이슈가 동반된다. 이 레이스는 눈에 보이는 시각적 사실성이라는 것이 더 이상 중요하지 않게 된 19세기 모더니즘 시대에 와서야 끝이 난다.

비뚤어진 시각,
아는 대로 본다

우리 눈에 보이는 것은
실은 이미 우리 마음속에 들어 있는 것이
눈으로 나타나는 것에 불과하다.

로버트 웨이드 Robert Wade

5

ㅡ

르네상스가 끝날 즈음에는 3차
원인 실제 세계를 2차원인 캔버스에 정직하게 재현하는 문제는
일단락된 것처럼 보였다. 적어도 이론상으론 말이다. 이걸 멋지
게 보여준 화가가 있으니 바로 르네 마그리트René Magritte다. 마
그리트의 〈인간의 조건〉이란 그림을 보자. 창문을 통해 전원 풍
경이 보인다. 그리고 창밖 풍경을 그린 캔버스가 안쪽에 놓여 있
다. 3차원 세계를 2차원 화면에 완벽하게 복사해놓았다. 다시 말
해 그림은 3차원 세계의 재현임을 알려준다.

마그리트가 3년 후에 그린 또 다른 그림을 보자. 비슷한 상황
이지만 이번에는 창문이 박살났다. 자세히 보니 깨진 유리에 바
깥 풍경이 그려져 있다. 이걸 어떻게 설명할 수 있을까? 우선 창
문이 실제로는 투명하지 않고, 유리에 바깥 풍경을 그린 거라는
설명이 가능하다. 선원근법에 충실하게 그렸기 때문에 그림을

르네 마그리트, 〈인간의 조건〉   르네 마그리트, 〈들판으로 나가는 열쇠〉

그려놓은 유리가 깨져도 관찰자는 이전과 똑같은 풍경을 보게
되는 것이다.

마그리트의 두 그림이 연출하는 상황에 한 가지 중요한 공통
점이 있다. 선원근법이 제공하는 이런 시각적 환영은 매우 불안
정하다는 것이다. 만일 그림 속 관찰자가 조금이라도 위치를 바
꾸면 어떻게 될까? 실제 풍경과 캔버스 위의 그림은 잘 맞아떨어
지지 않을 것이다.

이해를 돕기 위해 좀 더 쉬운 예를 들어보자. 그림 속 방 안의
조명을 끈다고 하자. 어떻게 될까? 실내가 어두워지니 그림도 어
두워지겠지만 바깥 풍경은 그대로이기 때문에 오리지널(3차원)
과 복사본(2차원)이 금방 드러난다.

그림은 3차원 세계를 내다보는 창문에 비유되곤 한다. 회화에 대한 이런 접근은 서양 미술의 장점이자 단점이라 볼 수 있다. 관람객은 그림을 그린 화가가 요구하는 시점에서 그림을 볼 것을 강요받는다. 반면 동양 미술에선 시점, 즉 어디서 보느냐는 별로 중요하지 않다. 전체적인 상황을 묘사하거나, 개인의 깊은 생각을 표현하거나, 한 걸음 더 나아가 철학적인 사상을 그림 속에 심는 데 위치와 시선의 방향이 개입될 여지가 없다.

컴퓨터 게임만 하더라도 서양에선 화면이 게이머의 시각을 보여주는 1인칭 게임이 유행한다. 회화에서와 마찬가지로 보이

1인칭 슈팅 게임

3/4시점 게임

는 화면이 주인공 캐릭터의 시각이다. 반면 우리나라에선 전체적인 상황을 쉽게 알 수 있게끔 게임 세계를 비스듬히 위에서 내려다보는 게임이 더 대중적이다. 이런 걸 신의 관점God's Eye View 혹은 3/4시점Three-Quarter View 게임이라고 한다. 이런 게임에서 주인공은 화면에 보이는 캐릭터 중 하나가 된다.

남들이 잘 알지 못하는 새로운 기술을 나만 알고 있으면 그 기술을 사용하고 싶어서 안달한다. 선원근법도 마찬가지였다. 다음은 르네상스 시대의 화가 안드레아 만테냐Andrea Mantegna의 그림 〈죽은 그리스도〉다. 사실적이고 감각적이긴 하지만 꼭 이 각

안드레아 만테냐, 〈죽은 그리스도〉

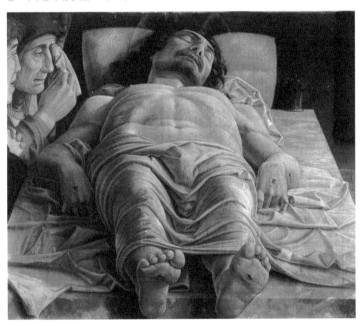

그림이 있는 인문학

한스 홀바인, 〈대사들〉　　　왼쪽 아래서 대각선 방향으로 올려다본 모습

도에서 그려야 했을까?

　한스 홀바인Hans Holbein의 〈대사들〉도 이 논의에서 빠질 수 없다. 이 그림은 나에게 네 번의 놀라움으로 기억된다. 첫째, 정교해도 너무 정교하다. 분명히 카메라 옵스큐라 장치가 동원됐을 것이다. 둘째, 그림 속 두 인물이 그처럼 어린지 몰랐다. 당시 나이가 각각 25세, 29세였다고 한다. 셋째, 책에서 봤던 것보다 실물이 훨씬 크다. 역시 그림은 실물을 봐야 한다. 넷째, 그림 하단 부분에 길쭉하게 자리 잡은 불가사의한 물체가 그림에 거의 눈을 붙인 후 왼편 아래 대각선 방향에서 올려다보면 해골로 바뀐다.

　이 그림이 커다란 홀 2층에 걸려 있고, 그걸 아래층에서 계단을 타고 올라가면서 본다면 효과 만점일 것이다. 홀바인은 왜 하필 해골을 그렸을까? 그것도 그냥 봐서는 쉽게 알 수 없게 말이다. 해골은 삶의 덧없음을 상징한다고 한다. 부와 권력은 잠시라는 것인데, 우리나라 국회의사당이나 청와대에 걸어두면 좋을 것 같다.

에셔의 〈낮과 밤〉에 담긴 착시 현상

어떤 경우에는 실용성 측면에서 그림을 왜곡하여 그리기도 했다. 로마에 있는 성 이그나티우스 성당의 천장화를 보자. 당초 이 성당은 꽤 높게 설계되어 있었다. 그런데 건축 공사 도중에 민원이 제기됐다. 옆 수도원의 일조권을 침해한다는 것이었다. 하는 수 없이 건물 높이를 낮출 수밖에 없었다. 그 대신 내부에서 위를 쳐다볼 때 높아 보이도록 천장이 하늘 높이 뻗어 올라간 것처럼 보이게끔 그림을 그렸다. 아쉽게도 천장이 하늘, 아니 천국까지 뻗어 있는 것 같은 환상은 특정 위치, 즉 성당 한가운데에서만 적용된다.

이와 비슷하게 17세기 이탈리아에선 작은 방을 크고 넓어 보이도록, 혹은 사방이 꽉 막힌 방을 전망 좋은 방처럼 보이도록 변경하는 것도 유행했다. 이런 트릭을 트롱프뢰유Tromp L'oeil라고 한다. 우리말로 하면 '눈속임'에 가까운데, 요즘에는 실용성보다는 재미로 가끔 길거리 아티스트들이 만들어낸다. 건설 현장에서 완성 후의 건물을 보여주거나 지저분한 현장 상황을 가릴 목적으로 활용되기도 한다.

트롱프뢰유의 핵심은 선원근법을 이용해서 물체를 왜곡시키거나 공간을 왜곡시키는 것이다. 공간 왜곡을 실제로 느끼고 싶다면 가까운 과학관에 가보면 된다. 정방형 좁은 공간에 두 사람이 서 있는데 오른쪽 사람이 이상하게 커 보인다. 실제로는 방의 생김새가 정방형이 아니라 왼쪽으로 길게 늘어져 있고 천장도 왼쪽으로 갈수록 높아지게 만든 왜곡된 방 안에 왼쪽 사람은 멀리, 오른쪽 사람은 가까이 서 있는 것에 불과하다. 물리적인 공간의 왜곡이 심리적인 물체(사람)의 왜곡을 불러일으킨 것이다.

트롱프뢰유는 선원근법이라는 수학적 체계에 기반한 눈속임이다. 속이기 위해 만든 것이니 당연히 속는 것이 정상이다. 그러나 어떤 경우에는 일부러 속이려고 하지 않았는데 속아 넘어가기도 한다. 인간의 눈이 가끔 영상을 엉뚱하게 해석하기 때문이다. 이걸 착시 현상optical illusion이라고 한다. 잘 알려진 예를 몇 가지 보자. A. 수평으로 놓인 막대기 두 개가 있다. 어느 것이 더 긴가? B. 세계적인 과학 잡지 〈네이처Nature〉의 표지다. 영화 감독 히치콕의 프로파일 두 개가 보인다. 어느 쪽이 더 밝은가? 정답은 이렇다. A.

과학관 공간 왜곡

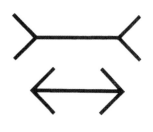

착시 현상

두 개의 길이는 같다. B. 두 얼굴 프로파일은 정확히 똑같다. 믿지 못하겠으면 두 개를 오려서 대조해보라.

왜 그럴까? 눈이라는 것은 일종의 광학 기계, 쉽게 말해 특수 제작된 카메라라고 볼 수 있다. 그러나 눈을 통해 망막에 맺힌 영상은 뇌에 들어가서 굉장히 복잡한 과정을 거치게 된다. 이 과정에서 어떤 특별한 상황을 맞게 되면 뇌가 잘못 판단하거나 불안정한 판단을 하게 되는데 이게 착시 현상으로 나타나는 것이다. 간단히 말하면 우리의 뇌는 완벽하지 않다. 잘못 판단하기도 하고 제한적으로 판단하기도 한다.

화가 마우리츠 코르넬리스 에셔Maurits Cornelis Esher는 많은 작품을 통해 우리의 시각이 얼마나 불완전한지 일깨워줬다. 에셔의 그림 중 하나만 보자. 〈낮과 밤〉에서 검정색 새들과 흰색 새들

마우리츠 코르넬리스 에셔, 〈낮과 밤〉

은 서로 배경이면서 사물이 된다. 하늘을 나는 새들과 지상의 밭
은 서로 연결되어 있다. 3차원과 2차원이 불가능한 방식으로 연
결되어 있는 것이다. 이 그림은 부분적으로는 문제가 없으나 전
체적으로 들어맞지 않는 경우를 보여준다. 눈은 속일 수 있으나
마음은 속일 수 없는 예라고 볼 수 있다. 또한 그림의 여러 부분
에서 이중적인 해석이 가능하다. 그러나 한번에 한 가지만 보이
지 두 가지가 한꺼번에 보이지는 않는다.

　유명한 초현실주의 화가 살바도르 달리Salvadore Dali도 이중적
인 그림을 많이 그렸다. 〈사라지는 이미지〉라는 제목의 이 그림
은 두 가지로 해석된다. 먼저 요하네스 페르메이르의 그림 〈열린
창가에서 편지를 읽고 있는 소녀〉를 오마주한 그림으로 볼 수 있
다. 또 다른 해석은 이 그림이 어느 남성의 옆얼굴이라는 것이다.

살바도르 달리, 〈사라지는 이미지〉　　요하네스 페르메이르,
　　　　　　　　　　　　　　　　　〈열린 창가에서 편지를 읽고 있는 소녀〉

여인의 머리는 남성의 눈, 편지를 들고 있는 손은 남자의 콧수염,
커튼은 남자의 긴 머리카락에 해당한다. 이 남성은 달리가 존경
하는 스페인의 화가 디에고 벨라스케스라는 주장이 있으나 확실
치는 않다.

시각의 한계를 이용한 작품들

　불안정하고 불완전한 시각의 한계를 적나라하게 노출하면서
이걸 하나의 미술 스타일로 발전시킨 사례도 있다. 바로 옵아
트Op Art다. 말 그대로 옵티컬 현상을 아트화한 것이다.
　브리짓 라일리Bridget Riley는 1960년대에 활동했던 미국의 여성 화가다. 초기에는 전통적인 그림을 그렸으나 이탈리아에 건너가서는 흑백의 강한 대비가 주는 효과에 반해 관람자 눈을 어지럽게 하는 작품을 주로 그렸다. 얼마후 다시 미국으로 돌아왔는데 이게 웬일인가! 미국 패션계에 그녀의 패턴이 대유행하고 있지 않은가. 화가 치민 그녀는 법정 싸움을 하려 했으나 당시만 해도 미술 작품은 지적재산권 보호 대상이 아니었다. 결국 그녀는 소송조차 하지 못했다. 요즘은 미술 작품에 대한 지적재산권이 철저하게, 어찌 보면 지나칠 정도로 보호받고 있다. 오늘날 이 미술 작품 저작권보호법은 라일리법이라 불린다.

정통 회화든 트롱프뢰유든 주어진 한 시점에서 본 장면을 연출해야 정확하게 3차원 공간을 재현할 수 있다. 그런데 한 가지 잊은 게 있다. 인간은 두 개의 눈을 갖고 있다. 각 눈에 들어오는 영상은 조금 다르다. 그 차이를 이용해서 우리 뇌는 거리를 측정하고 깊이감을 만들어낸다. 이걸 스테레오 영상이라고 한다. 3D

브리짓 라일리

The Funeral of President Lincoln, New-York, April 25th, 1865.

스테레오 사진, 뉴욕 브로드웨이를 지나가는 링컨의 장례 행렬

영화는 이 점을 이용한다. 스테레오 안경을 쓰면 왼쪽과 오른쪽에 조금 차이가 나는 영상을 볼 수 있다.

　사실 3D 영화가 상영되기 훨씬 이전인 1800년 중반, 카메라가 발명되고 불과 20년도 지나지 않았을 때부터 이미 스테레오 사진이 유행하기 시작했다. 사진 두 장짜리 세트를 스테레오 뷰어에 집어넣는 방식이다. 이걸로 뭘 봤을까? 바로 누드 사진이었다. 요즘도 유럽 중소도시 벼룩시장에 가면 옛날 스테레오 뷰어와 낡은 스테레오 누드 사진을 어렵지 않게 구할 수 있다.

　누드 사진 열풍이 가라앉을 즈음에 관광 명소 사진이 유행하기 시작했다. 평생 가보지 못한 곳의 광경을 입체로 볼 수 있게 된 것이다. 나도 결혼 사진을 스테레오로 찍었다. 평생 한 번 하는 결혼이니 생생하게 기록하고 싶었는데 평생 한 번도 들여다보지 않았다. 그래서 3차원 텔레비전이 출시됐을 때 나는 거들떠보지도 않았다. 어떤 기술은 대중화되기 매우 어렵다.

그림이라는 것이 보이는 대로 그린다고 반드시 좋은 게 아니라는 사실은 누구나 안다. 경우에 따라 '보이는 그대로'보다는 '있는 그대로' 혹은 '믿는 대로' 혹은 '필요한 대로' 그리는 것이 목적에 더 부합될 때도 있다. 어떤 화가들은 사물의 '본질'을 보여주고 싶어 했다. 폴 세잔의 정물화는 어찌 보면 매우 평범하다. 그런데 사실은 평범한 것과는 거리가 멀다. 정물의 본질을 보여주기 위해 세잔은 여러 각도에서 본 사물들을 조합해서 그렸기 때문이다. 그래서 그를 현대 미술의 아버지라고 부른다.

피카소는 좀 더 과격한 방식을 택했다. 아예 드러내놓고 여러 각도에서 본 상황을 조합했다. 사람들은 이런 걸 입체주의라고 불렀다. 사실 이런 입체적 접근 방법은 현대의 발명품이 아니다. 이집트 벽화를 보자. 얼굴은 옆에서, 눈은 앞에서, 몸통은 앞에서, 발은 옆에서 본 것이다. 이집트인들이 팔다리가 꼬였을 리 없고, 그 당시 화가들의 눈이 비뚤어졌을 리도 없다. 다만 이렇게 표현하는 것이 가장 실제와 같으면서도 멋있게 보였을 것이다.

이런 사례들은 평소 의식하지 못해서 그렇지 실상 우리 주위에 굉장히 많다. 어쩌면 자연적이고 정상적인 시각이 오히려 예외적인 것일지도 모른다. 현대인은 자연을 맨눈으로 보는 시간보다 각종 디지털 기기를 통해 조작된 영상을 선입관과 편견을 가지고 보는 시간이 더 많으니까 말이다.

새로운 시각 문화,
카메라와 포토그래피

(카메라가 발명된) 오늘부터 회화는 죽었다!

폴 들라로슈Paul Delaroche

6

데이비드 호크니David Hockney는
시간이 날 때마다 큰 방에 들어가 한가운데에 앉아서 사방 벽을
둘러보곤 했다. 그는 서양 미술사 전체를 한눈에 볼 수 있도록 시
간 흐름에 따라 회화 작품들을 복사해서 벽에 빼곡히 붙여놓았
다. 1100년대 비잔틴 모자이크부터 시작해서 1890년대 반 고흐
까지 한 번의 밀레니엄을 대표하는 1000점가량의 작품들이 그
의 분석 대상이었다.

호크니는 20세기를 대표하는 영국 화가 중 한 명이다. 세계적
인 미술관치고 그의 작품을 소장하지 않은 곳은 찾아보기 어려
울 정도로 유명하다. 최근 그는 한 가지 흥미로운 주제를 탐구 중
이다. 바로 '옛날 거장들은 어떻게 그처럼 사실적으로 그림을 그
렸을까?'라는 주제다. 호크니 자신도 둘째가라면 서러울 정도로
빠르고 정확하게 스케치하는 실력을 가졌지만, 옛날 거장들은

교황이나 황제 같은 유명 인사들을 원할 때마다 불러낼 수도 없었고, 오랫동안 움직이지 않고 포즈를 취하게 할 수도 없지 않았는가.

정물화도 마찬가지다. 어떤 작품은 분명히 몇 주, 몇 개월이 걸렸을 법한데, 그동안 과일이나 채소가 시들거나 썩지 않고 싱싱함을 유지했을 리 만무하다. 사진을 보고 그린 게 아닐까? 사실 어떤 작품은 마치 사진을 보고 그리거나 컴퓨터에 저장된 영상 파일을 캔버스에 프로젝터로 쏜 다음에 트레이싱을 한 것 같기도 하다. 그런데 카메라는 훨씬 후인 1830년대에 발명됐고 컴퓨터 영상을 벽에 투사하는 프로젝터는 최근에야 개발됐으니 옛 거장들이 그런 방법을 썼을 리 없다.

빛으로 그린 그림

오늘날 우리가 사용하는 카메라의 전신인 카메라 옵스큐라의 기원은 르네상스 시대까지 거슬러 올라간다. 어두운 방에 조그만 구멍을 뚫어놓으면 그 구멍을 통해 맞은편 벽면에 밖의 풍경이 거꾸로 비친다. 바로 초등학생 시절 만들었던 바늘구멍 사진기와 같다.

사실 이 현상은 르네상스 시대 훨씬 이전인 고대 그리스 시대에도 이미 알려져 있었다. 문제는 이렇게 벽에 비춰진 영상의 화질인데, 구멍이 작으면 그걸 통과하는 빛의 양이 적어서 영상이 희미해지기 때문에 아주 맑은 날이 아니면 영상이 제대로 보이지 않는다. 그렇다고 구멍을 크게 넓히면 영상이 흐릿해져서 창문 역할밖에는 하지 못하게 된다.

이걸 해결하는 방법이 고안됐다. 볼록렌즈는 물체를 크게 보이게 한다. 다시 말해 빛을 모으는 성질을 갖는다. 그렇다면 구멍을 크게 뚫어 많은 양의 빛이 통과하게 하고 그 구멍을 볼록렌즈로 커버해서 그 렌즈를 통과하는 빛이 반대편 벽에 정확히 모이게끔 하면 되지 않겠는가. 그러면 밝을 뿐 아니라 초점도 잘 맞는 아주 깨끗한 영상을 얻을 수 있다. 이 간단한 원리는 비단 카메라 옵스큐라에만 적용되지 않는다. 오늘날 우리가 사용하는 휴대전화에 장착된 디지털 카메라, 고가의 DSLR 카메라, 심지어 인간의 눈도 동일한 원리로 작동된다.

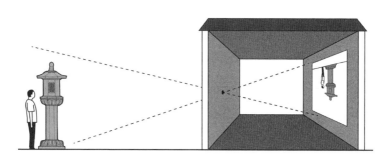

카메라 옵스큐라의 원리.
어두운 방에 뚫린 작은 구멍을 통해 들어온 빛은 맞은편 벽에 이미지를 만든다.

르네상스 시대에 처음 개발된 카메라 옵스큐라는 여타 다른 기술과 마찬가지로 기능 향상을 거듭했다. 처음에는 냉장고만 했던 것이 데스크톱 컴퓨터 크기로 줄어들고 나중에는 여성이 휴대할 정도로 작고 가벼워졌다. 그리고 처음에는 영상이 거꾸로 보였지만 거울을 이용해서 똑바로 보이게끔 개선됐다. 물론 깨끗한 영상을 만들기 위해서 초점을 맞추는 기능도 추가됐다. 이 과정에서 핵심은 바로 렌즈를 만드는 기술이었다. 앞서 말한 대로 영상을 밝게 하려면 구멍이 커야 하고 따라서 렌즈가 커야 한다. 중요한 것은 렌즈의 곡면이 매우 정확해야 초점이 깨끗한 상이 만들어진다는 점이다. 렌즈를 디자인하고 제작하는 기술은 오늘날에도 첨단 기술에 해당한다. 이런 이유로 DSLR 카메라는 본체보다 렌즈 값이 훨씬 비싸다.

카메라 옵스큐라는 한 가지 치명적인 약점을 갖고 있다. 대상물을 카메라 옵스큐라 속에 들어가 혹은 카메라 옵스큐라를 통해 볼 수는 있지만 그 영상을 저장할 수는 없다. 쉽게 말해 '사진을 찍을' 수는 없다. 맺힌 영상을 하드카피로 출력해내는 방법은 앞서 말한 대로 약 300년 후인 1830년이 되어서야 개발됐기 때문이다. 그럼 찍지도

1750년경 제작된 휴대형 카메라 옵스큐라.
쉽게 휴대할 수 있도록 책 형태로 제작됐다.

못하는 카메라로 뭘 할
수 있을까? 카메라는 육
안으로 보는 것과는 또
다른 느낌으로 세상을 볼
수 있게 하기 때문에 귀
족이나 부유층의 놀이기
구로 적합했다. 다만 워낙
고가 장비이다 보니 아무
나 소유할 수 없었다. 귀
족 다음으로 카메라 옵스

찰스 아미디 필립.
당시 '매직 랜턴'으로 알려졌던 카메라 옵스큐라

큐라를 소유한 이들은 누구일까? 바로 그걸 사용해 작업을 쉽고
빠르게 할 수 있는 화가들이었다.

　화가들이 카메라 옵스큐라를 사용하는 방법은 간단하다. 그
림에서처럼 카메라 옵스큐라가 만드는 영상을 트레이싱하는 것
이다. 캔버스에 직접 트레이싱해서 밑그림을 그릴 수도 있고, 일
단 스케치를 한 후 나중에 캔버스에 옮길 수도 있다. 이런 상황은
문헌에도 소개되어 있고, 현재도 일부 화가들이 사용한다. 그럼
우리가 아는 대가들—미켈란젤로, 루벤스, 렘브란트 등—도 모
델을 카메라 옵스큐라 앞에 앉혀놓고 카메라 영상을 트레이싱했
을까? 이보다 더 중요한 질문은 "만일 대가들이 카메라 옵스큐라
를 사용해서 그림을 그렸다면 그림 가치를 절하해야 하고, 그걸
사용한 대가들을 다시 평가해야 하는가?"이다.

카메라 옵스큐라 보고 그리기. 1753년 발간된 세계 최초의 백과사전에서 발췌했다.

호크니는 예전 방식의 카메라 옵스큐라를 사용해서 여러 가지 실험을 했다. 그러고 나서 그가 내린 결론은 충격적이었다. 여태까지 극히 일부의 화가들이 사용했을 것이라 짐작했던 카메라 옵스큐라가 사실은 르네상스 시대부터 매우 광범위하게 사용되어왔다는 것이다. 거기에는 일부 대가들도 포함된다. 호크니는 특히 카라바조, 페르메이르, 앵그르 같은 화가들이 카메라 옵스큐라를 적극적으로 활용했다고 주장했다.

일례로 페르메이르의 〈붉은 모자를 쓴 소녀〉를 보자. 그림 자체는 사진을 능가할 만큼 사실적이다. 오른편 아래 의자 장식 부분을 확대해보자. 강한 하이라이트가 마치 사진이 과다 노출된 것 같아 보인다. 이건 육안으로 관찰해서 그린 것이 아니다. 인간의 눈은 카메라와 달리 이런 현상은 감지하지 못한다. 우리 인간은 강렬한 빛에 과다 노출이 되면 눈을 감아버린다. 얼굴 부분에 노출을 맞추다보니 오른편 옆에서 강하게 들어오는 빛 때문에 의자 장식 일부에 하이라이트가 생긴 것이다. 페르메이르의 그림은 대부분 카메라 옵스큐라 상자 속에 들어갈 정도로 매우 작

요하네스 페르메이르, 〈붉은 모자를 쓴 소녀〉

다. 그렇다면 카메라 옵스큐라를 스케치용으로 사용한 것이 아니라, 옵스큐라 영상을 직접 캔버스에 투사시킨 상태에서 바로 밑그림을 그렸을 가능성도 있다.

호크니의 주장을 액면 그대로 받아들일 것인가 여부와 무관하게 결론은 바뀌지 않는다. 명화는 명화고 거장은 거장이다. 내가 아는 화가들은 21세기를 대표하는 거장이 아니라도 마음먹으면 진짜보다도 더 진짜처럼 그린다. 피카소는 이렇게 말했다. "사실처럼 그리는 것을 터득하는 데는 몇 년이면 족했다. 그러나 어린아이처럼 그리는 데는 평생 걸렸다." 카메라 옵스큐라는 작품 제작의 보조 도구 그 이상도 그 이하도 아니다. 마치 고가의 카메라를 소유한다고 해서 바로 사진작가가 되는 건 아닌 것처럼 말이다.

카메라가 그림을 그리는 도구에서 벗어나고 카메라로 찍은 사진 자체가 독립된 예술 작품으로 부상하게 된 것은 오늘날 우리가 아는 카메라가 발명된 이후의 일이다. 1830년경 프랑스의 예술가이자 디자이너이자 사업가인 루이 다게르Louis Daguerre와 영국의 아마추어 과학자(그 당시 과학자는 대부분 아마추어였다) 윌리엄 탤벗William Talbot이 각각 카메라 옵스큐라에 비친 영상을 영구적으로 저장하고 보관하는 방법을 개발했다. 다게르 방식은 금속판에 사진을 박는 방식으로 사진을 한 번 찍으면 사진 한 판이 나온다. 반면 탤벗은 음화negative를 먼저 만들고 거기에서 종이에 양화positive를 만드는 방식이다. 이렇게 하면 음화 한 장에서 양화를 원하는 만큼 뽑을 수 있다. 어느 것이 더 좋을까? 당연히 탤벗 방식이다. 오늘날에도 이 방식을 사용하니까 말이다.

그런데 초창기에는 다게르 방식이 더 유행했다. 프랑스 과학 아카데미는 다게르에게 평생 연금을 주는 조건으로 그가 개발한 사진술을 사들인 후에 국가 공식 기술로 공포했다. 그러고 나서 예술아카데미와 공동으로 기술서를 발간했다. 요즘 흔히 말하는 과학과 예술의 융합 프로젝트다. 그 결과 다게르 방식은 상업화, 대중화됐고 프랑스는 물론 유럽과 미국에 사진 열풍을 불러일으켰다. 반면 탤벗은 그의 혁신적인 기술을 특허화했다. 그러다 보니 탤벗 방식을 사용하는 사진관은 기술료를 물어야 했고 기술 전파는 매우 느리게 진행됐다. 탤벗 자신도 특허로 큰돈은 벌지 못한 것은 물론이다.

탤벗의 음화·양화 방식은 조금은 비정상적인 과정으로 대중화됐다. 영국의 특허법이 적용되지 않는 스코틀랜드에서 가장 먼저 탤벗의 기술이 공개되고 대중화되기 시작했고, 프랑스에서는 한 사업가가 탤벗의 특허를 교묘히 피해 가는 방법으로 탤벗의 음화·양화 방식을 대중화시켰다. 그리고 1851년 영국에서 열린 세계 최초 만국박람회에서 영국으로 자랑스럽게 역수출했다. 이런 특허 전쟁은 오늘날에도 비슷하게 일어나고 있고, 앞으로도 계속 일어날 것이다.

사진 열풍이 일어난 19세기 중반, 일부 화가들은 카메라를 적극적으로 활용했다. 낭만주의의 거장 페르디낭 외젠 들라크루아Ferdinand Eugène Delacroix 같은 화가도 모델 사진을 보고 그렸다는 기록이 있다. 또 다른 화가들은 아예 붓을 집어던지고 카메라를 들었다. 그들은 카메라가 그림을 그리는 새로운 도구가 될 수 있다고 생각했다. 조금 과장된 표현이긴 하지만 화가 폴 들라로슈는 자신의 제자들을 향해 "오늘부터 회화는 죽었다!"라고 외쳤다고 한다.

초기에는 사진이 갖는 사회적, 미학적 특성을 정확히 파악할 수 없었다. 그러다 보니 어떻게 하면 회화에 근접할 수 있는가가 초미의 관심사였다. 이런 현상은 사진에만 국한된 것이 아니었다. 영화가 처음 발명됐을 때도 기존의 연극을 레퍼런스 모델로

오스카르 레일랜더, 〈삶의 두 방식〉

여겼고, 컴퓨터 게임 역시 초기에는 영화적인 요소를 넣으려고
애썼다.

　　포토샵이 없던 시절에 사진을 수정하거나 편집하는 일은 매
우 어려웠지만 일류 사진작가들은 정교한 기술로 매우 독창적인
작품을 제작했다. 화가로 커리어를 쌓기 시작한 사진작가 오스
카르 레일랜더 Oscar Reilander 는 오늘날 예술 사진의 아버지로 불
리운다. 그의 대표작 〈삶의 두 방식〉은 무려 6개월에 걸쳐 필름
32장을 합성해서 만든 작품이다. 회화에서 사실주의나 자연주의
가 대세였을 때는 사진 역시 이 추세를 따랐고, 그 후 회화가 인
상주의와 표현주의로 옮겨 가면서 사진 역시 어떻게 하면 비사
실적인 효과를 낼 것인가에 골몰했다.

　　20세기에 들어서야 사진은 회화로부터 독립 선언을 하게 된다. 앨프리드 스티글리츠Alfred Stieglitz는 사진만이 갖는 특성을 살리는 것이 사진의 미래라고 생각했다. 마침 그때 빈에서는 구스타프 클림트Gustav Klimt 같은 유명 예술인들이 과거의 예술로부터 벗어나자는 분리주의Secession 운동을 시작하던 참이었다. 그 영향으로 사진도 회화와의 종속 관계를 벗어나자는 취지로 사진 분리주의Photo-Secession라는 깃발을 내걸고 뉴욕을 중심으로 활동을 개시했다.

조지 이스트먼George Eastman이 코닥이라는 회사를 설립하고 조그만 상자 형태의 카메라를 대량생산하기까지 카메라는 소수 부유층과 전문가의 전유물이었다. 당시 벤처기업이었던 코닥이 만든 25달러짜리 최초 모델은 첫 해에만 1만 대 이상 판매되는 빅 히트 상품이었고, 수년 후에 출시된 '브라우니'라는 이름의 1달러짜리 카메라는 세상을 바꿔놓았다.

요즘은 어린아이들도 스마트폰을 가지고 다니듯 이제 카메라는 없어서는 안 되는 개인 휴대품이 되고 만 것이다. 3C ─ 카메라camera, 카car, 코카콜라coca-cola ─는 이 당시 미국 청소년들의 데이트 문화를 상징한다. 100년간 전 세계 카메라 시장을 장악했던 코닥은 즉석 사진은 폴라로이드와 후지 카메라에게 빼앗기고, 세계 최초로 디지털 카메라 기술을 개발했음에도 불구하고 디지털 문화에 적응하지 못해 이제 역사의 뒤안길로 사라질 위기에 처해 있다.

카메라는 순수 회화에도 큰 영향을 미쳤다. 이제 역사적인 이

코닥 브라우니 카메라

벤트를 기록에 남긴다거나, 지체 높은 가문에서 정략 결혼을 시킬 때 신랑감, 신붓감을 그려 보낸다거나, 한참 잘나갈 때 또는 가장 예쁠 때 모습을 그려두거나 하는 등의 현실적인 수요는 사진으로 대체됐다. 사진이 회화를 쫓아오는 동안, 회화는 사진으로부터 도망가지 않으면 안 됐다. 흔히 인상주의가 시작된 원인 중의 하나를 카메라의 발명이라고 한다. 물론 인상주의의 탄생이 카메라 때문만은 아니겠지만 카메라로 대표되는 새로운 시각 문화가 가장 큰 원인의 하나임은 분명하다.

사진은 예술인가, 과학인가, 아니면 산업인가? 이 질문은 마치 컴퓨터 그래픽 영상이 예술인가, 과학인가, 아니면 산업인가 하는 질문과 같다. 컴퓨터 그래픽 영상은 기본적으로 첨단 기술의 산물이다. 그러나 누가, 왜, 어떤 용도로 제작했느냐에 따라 컴퓨터 그래픽 영상은 예술적 표현일 수도, 영화 산업일 수도, 과학 실험 결과일 수도 있다.

아무튼 사진이 예술 장르로서 신분 상승하는 데는 꽤 오랜 시간이 걸렸다. 새로운 예술 흐름을 주도하는 뉴욕현대미술관MoMA에 사진이 처음 걸린 것이 1930년대이므로 사진 발명 이후 근 100년 가까운 시간이 필요했다.

그동안의 푸대접을 보상이라도 받듯 최근에는 미술 시장에서 사진이 매우 잘나간다. 전통적인 회화 전시 못지않게 사진전이 많은 관람객을 끌어들이고 있고, 사진 작품은 소더비나 크리스티 같은 경매에서도 고가에 거래되고 있다. 여기에는 여러 가지 이유가 있겠지만, 최근의 사진이 기존의 회화는 물론 전통적인 사진에서도 표현하지 못했던 미개척 영역을 탐구하고 있기 때문이 아닌가 한다. 우리가 사진이란 매체에 매우 친숙해져 있기 때문이기도 할 것이다. 그러고 보니 우리 집 거실에도 사진 작품이 2점이나 걸려 있다. 물론 가족 사진은 제외하고서다.

예술가의 대중화 시대

지구상에서 하루에 사진이 몇 장이나 찍힐까? 예전 아날로그 시절에는 이 수치를 정확히 알 수 있었다. 필름 판매량이 곧 사진 촬영 수로 환산되니까 말이다. 그러나 디지털 시대인 현재는 아무도 모른다.

2015년 상반기 현재 지구촌에서 17억 대 가까운 휴대전화가 사용되고 있으므로 한 사람이 하루에 사진 한 장을 찍는다고 치면 하루에 17억 장, 1년이면 6000억 장 정도가 찍힌다. 실로 어마어마한 양이다. 세계에서 가장 큰 사진 데이터베이스는 페이스북이 운영하고 있다. 여기에는 전 세계에서 하루 평균 3억

5000만 장의 사진이 올라오는데, 2015년 현재 약 2조 5000억 장이 저장되어 있다고 한다.

사진만큼이나 자칭 타칭 사진작가도 많아졌다. 나도 이러한 사회적 시류에 편승하고 싶어서 공모전에도 출품하고, 단체전에도 참여하고, 나중에는 개인전도 하는 등 나름대로 미래 계획을 세웠더랬다. 그러던 중 중국 어느 작은 도시에 갈 일이 생겼다. 그 도시의 중심가는 서울 인사동이나 북촌처럼 나름대로 옛것을 간직하고 있었고, 그 때문인지 주말을 맞아 시민들로 북적였다.

그런데 이게 웬일인가! 조금 과장하자면 행락객 모두가 카메라를 목에 걸고 다니는 것이 아닌가. 그것도 똑딱이 카메라가 아닌 렌즈통이 대포처럼 긴 SLR 카메라가 태반이었다. 얼굴 표정이나 옷차림을 보아하니 타지에서 온 관광객은 아니고 현지인들

중국 쓰촨성 청두 거리의 모습

인 것이 분명했다.

　이제 도시민 절반이 사진작가인 시대가 된 것이다. 중국 인구를 반올림해서 14억 명이라 치고, 그중 0.7퍼센트가 아마추어 사진사라고 하면 1000만 명의 경쟁 상대가 있는 셈이다. 단순히 확률적으로 보면 내가 경쟁력 있는 사진작가가 될 가능성은 매우 낮은 것이다. 위협을 느낀 것이 어디 나뿐이겠나. 전문 사진작가들은 그 어느 때보다 강한 위기의식을 느끼고 있을 것이다. 사진에 관한 한, 예술의 대중화를 넘어 예술가의 대중화 시대가 도래했다.

색채에도
사연이 있다

색은 인간 삶의 기본 요소다.
물, 불 그리고 천연자원처럼 말이다.

페르낭 레제 Fernand Léger

7

딸아이가 유학 떠나면서 집에 두고 간 것이 하나 있다. 합성수지로 만든 인조 화초다. 직장생활 하느라 진짜 화초를 키우지 못하고 큼지막한 모조 플랜트 화분 한 개를 자기 집 거실 창가에 두었다. 나는 그걸 가져다 우리 집 바깥 베란다에 놓아두었다. 황량한 겨울에도 창밖으로 보이는 싱싱한 푸른색이 집에 활기를 불어넣어주었다. 그런데 몇 년이 지나니 색깔이 변하기 시작했다. 진짜로 착각할 만큼 초록색이었던 잎사귀들이 태양과 비바람을 견디다 못해 옅은 하늘색이 됐다. 이걸 어떡하나, 고민하다가 페인트를 칠하기로 했다.

페인트 상점에 가본 적이 있는가? 이 세상의 색이란 색은 다 있다. 혹시 원하는 색이 없으면 즉석에서 만들어주기도 한다. 모든 색은 평등하다. 즉, 색상에 따라 가격 차이가 있는 것이 아니라 용도나 제조사에 따라 가격 차이가 난다. 요즘에는 색의 위상이 많이 낮아졌다. 예전에는 색이 사물의 실체였으나 이제는 사물의 효과를 담당할 정도로 위상이 떨어졌다. 하긴 픽셀 값을 바꾸면 컴퓨터 모니터에 각양각색의 색깔을 아주 손쉽게 만들어낼 수 있다. 그러나 컴퓨터가 나오기 이전 아날로그 시대에는 사뭇 달랐다. 각각의 색마다 사연이 있고 가격이 있었다.

색의 천일야화

가장 싼 색은 붉은 계열의 색이었다. 그럴 수밖에 없는 것이 지구에서 가장 흔한 원소 중 하나가 철과 산소인데, 알다시피 철이 산소를 만나면 산화하여 붉게 변하기 때문이다. 반면 푸른 계열의 색은 자연에서 쉽게 얻어지지 않기 때문에 비쌀 수밖에 없었다. 고대 이집트 시대의 청색을 만드는 비법은 로마 시대까지 전승되어오다가 끊겼다.

에메랄드빛 광택을 발산하는 초록색은 독성이 강한 비소 성분을 함유한다. 2차대전 직후 냉전 시대에 이탈리아 주재 미국 대사가 독극물에 중독됐다. 미국 CIA는 구소련 스파이의 소행으로 추정하고 극비리에 조사를 했다. 그런데 알고 보니 값비싼 에메랄드그린으로 칠해져 있는 침실 천장에서 페인트 가루가 떨어져 일어난 사고였다.

가장 고귀하고 이름값을 높인 색은 보라색이다. 율리우스 카이사르가 클레오파트라를 처음 만났을 때, 그녀의 아름다움에도 반했지만 입고 있던 드레스의 황홀한 보랏빛에 넋이 나갔다고 한다. 카이사르는 로마로 돌아오면서 이 보라색도 함께 가지고 왔다. 이후 보라색 옷은 황제의 전유물이 됐다. 네로 황제 시절에는 평민이 허락 없이 보라색 옷을 입고 있다가 발각되면 처형되기도 했다고 한다. 그러다가 기술 발전 덕택에 보라색이 조금씩 대중화되면서 서기 2세기경에는 모든 여성에게 개방됐다. 그렇더라도 남성에겐 장성급 이상으로 국한됐을 만큼 보라색은 권력의 상징이었다.

어떤 부둣가에 가면 생선 냄새와는 또 다른 고약한 악취가 난다. 썩은 조개 더미에서 나오는 냄새 때문이다. 당시 보라색 염료는 특정 조개류에서 채취됐다. 염료 180그램(스마트폰 무게) 정도를 만드는 데 조개 300만 개가 필요했다. 온갖 향수를 뿌렸더라도 보라색 드레스에서 뿜어져 나오는 악취를 완전히 제거하지는 못했을 것이다. 예나 지금이나 권력은 악취를 동반한다. 로마 시대 이후 보라색의 지위는 더욱 격상됐다. 중세에 지어진 성당에 가서 제단화나 모자이크를 보면 예수님이나 성인들이 보라색 옷을 입고 있는 걸 관찰할 수 있다. 물론 이 시절 보라색 안료는 조개가 아닌 다른 광물에서 채취한 것이다.

페이스북 창업자 마크 저커버그는 20대 중반에 백만장자가 됐다. 여기 10대 후반에 백만장자가 된 벤처사업가가 있다. 윌리엄 퍼킨William Perkin은 이미 고등학교 시절부터 천재로 소문이 자자했다. 그가 18세 학생이던 1857년, 런던 시내 길거리에 가스등이 설치되기 시작했다. 가스는 석탄을 원료로 하는데, 문제는 이 과정에서 석탄 타르가 대량 발생한다는 것이다. 알다시피 석탄 타르는 끈적거리고 냄새도 고약하다. 이 석탄 타르를 재처리하는 것이 당시 과학기술계의 큰 이슈였다.

퍼킨도 방학 숙제로 타르 재활용 방법을 찾고 있었다. 타르의 주성분은 수소와 탄소이니 잘만 가공하면 의약품을 만들 수 있을 것 같아 보였다. 그러던 중 그는 우연히 시험관 튜브에 보라색 가루가 쌓인 걸 발견하게 됐다. 그가 발명한 보라색(실제로는 연한 자주색이다)은 그에게 돈과 명성을 가져다주었다. 특히 당시 영국 여왕이었던 빅토리아 여왕이 이 보라색으로 물든 파티 드레스를 입은 후, 가히 보라색 열풍이 일어났다.

보라색의 뒤를 이어 과학자들은 석탄 타르로부터 값싸고 아름다운 색깔들을 앞다퉈 만들어내기 시작했다. 이탈리아에서는 마젠타Magenta라고 부르는 붉은색, 독일에서는 인디고Indigo라고 부르는 파란색이 개발됐다. 인디고는 현재 전 세계에서 가장 많이 팔리는 옷, 바로 청바지의 색이다. 석탄 타르는 우리에게 색채만이 아니라 온갖 새로운 것들을 선사했다. 어떤 것들은 인간을 구했고, 어떤 것들은 인간을 파멸시켰다. 식품 방부제, 비료, 의약품, 향수 그리고 폭약까지, 이제 인간은 석탄 타르 없이는 살 수 없게 됐다.

서양에 보라가 있다면 동양에는 노랑이 있다. 흰색이 평화,

붉은색이 행복과 권력, 진한 푸른색이 분노를 상징한다면, 노란색은 음양의 밸런스를 갖춘 색으로 부와 건강과 지식과 지혜를 상징한다. 중국에서는 당나라 시대부터 청나라 시대까지 오직 황제만 노란색 옷을 입을 수 있었다.

같은 색이라도 문화권에 따라 전혀 다르게 받아들여지기도 한다. 중국에서 고귀한 색이었던 노란색이 같은 시대 이슬람 문화권에서는 '우리와 다름'을 의미했다. 옛날 바그다드에서는 다른 종교를 가진 민족, 특히 기독교인이나 유대인들은 노란색 완장을 착용해야 했다. 이런 문화가 영국으로 전파되어 13세기 에드워드 왕은 유대인에게 노란색 표찰을 부착시켰고, 나치 독일은 노란색 완장이나 노란색 별 문양으로 유대인을 사회에서 격리시켰다. 심지어 오늘날에도 탈레반은 자신들의 점령지에 거주하는 힌두교도들에게 노란색 완장을 차게 한다고 한다.

그렇다고 전 세계적으로 노란색이 갖고 있는 글로벌 코드가 '우리와 다름' 혹은 '배척'인 것은 아니다. 노란색 도로 표지판에서 알 수 있듯 '경계'와 '주의'를 의미하기도 한다. 이건 노란색이 눈에 가장 잘 띄기 때문이다.

육안으로 비슷해 보이는 색이라도 질감 면에서는 크게 차이가 나기도 한다. 황토에서 추출한 노란색, 곤충의 피를 채집한 노란색은 전통적인 노란색이다. 19세기 빛의 화가 윌리엄 터너William Turner는 노란색을 매우 좋아했다. 그는 빛은 본질적으로 노랗다고 생각했다. 그가 사용했던 노란색은 당시 영국의 식민지인 인도에서 제조됐기 때문에 인디언 옐로라 불린다.

망고 잎사귀를 주로 먹은 소의 오줌에다 진흙을 개어서 골프 공 크기로 동글동글하게 만들어 굳히면, 화가는 이걸 갈아서 아카시아 수액과 기름에 혼합한 다음 화사한 노란색 페인트로 만들어 사용했다. 뙤약볕 아래에서 수영장만 한 욕조에 들어가 무릎까지 올라오는 소 오줌 속에서 진흙을 밟고 있는 인도 사람들을 떠올려보라. 결국 인디언 옐로는 20세기 초에 제조가 금지됐다. 인도주의적 차원의 결정이었을까? 이때는 이미 더 품질 좋은 노란색을 화학적 방법으로 제조할 수 있게 됐다.

빈센트 반 고흐Vincent van Gogh가 즐겨 그렸던 해바라기나 찬란한 별빛은 광물질 크롬을 주 원료로 하는 노란색이다. 크롬은 18세기에 시베리아에서 처음 발견됐는데, 독성이 매우 강한 물질이다. 고흐가 정신병원 신세를 지고 있었을 때, 하루는 크롬 옐로를 한 입 가득 물고 있었다고 한다. 이것이 자살의 징조는 아니었을까? 전 세계 어디서나 볼 수 있는 택시와 스쿨버스의 노란색은 대부분 카드뮴 옐로다. 크롬보다는 약하지만 카드뮴 독성도 만만치 않다. 다 사용한 건전지를 수거하는 이유도 그 속에 카드뮴이 상당량 포함되어 있기 때문이다. 다른 색들도 상황이 엇비슷하다. 밝고 깨끗하고 매력적인 색 뒤에는 치명적인 독성이 숨겨져 있다.

색채란 무엇일까? 중학교 과학 시간에 배웠듯이, 색이란 물체 표면의 고유한 특성이다. 백색광인 태양이 물체에 비쳤을 때 거의 모든 주파수의 빛은 흡수하고 특정 주파수의 빛만 반사한다. 그 반사된 빛의 주파수가 바로 물체의 색이 된다. 궤변처럼 들리겠지만, 물체가 거부한 색깔이 그 물체의 색깔이다. 이런 관점에서 보면 자연의 푸름은 식물 잎사귀가 다른 색은 모두 받아들이면서 초록색은 거부하기 때문인 것이다. 흥미롭게도 태양광 중에서 초록색 계열이 가장 강하다. 가장 강한 빛을 거부하는 자연계의 섭리는 무엇일까? 미스터리 중 하나다.

붉은색 물체와 노란색 물체를 가루로 빻아서 골고루 섞으면 무슨 색깔이 될까? 붉은색 가루는 붉은색만 반사하니까 노란색은 흡수된다. 마찬가지로 노란색 가루는 붉은색을 흡수한다. 결국 붉은색 가루에도 흡수당하지 않고 노란색 가루에도 흡수당하지 않은 색, 붉은색과 노란색의 중간쯤에 해당하는 오렌지색만 반사된다. 즉, 여러 색깔 가루를 섞을수록 흡수당하는 색깔이 많아지기 때문에 반사되는 색은 어두워지게 마련이다. 이걸 색의 혼합 법칙이라고 한다.

반면 붉은 빛과 노란 빛을 섞으면 상황이 완전히 달라진다. 무대에서 붉은 조명과 노란 조명이 동시에 한곳을 비추면 더 밝고 푸르스름한 흰색이 된다. 빛은 섞으면 섞을수록 더 밝아지고 결국 흰색이 된다. 이걸 빛의 혼합 법칙이라고 한다.

뉴턴이 프리즘 실험을 했을 때 그는 프리즘이 태양광을 빨주노초파남보 일곱 개의 색으로 분해한다고 생각했다. 정말 그럴까? 딸아이를 유학 보내던 날, 우리 부부는 그 아이를 인천공항행 시외버스 정류장까지 배웅했다. 그날은 날씨가 좋지 않았다. 춥고, 비도 오고, 바람도 불었다. 아이를 보내고 돌아서는데 파란 하늘이 보이면서 쌍무지개가 떴다. 눈시울을 붉히던 아내는 눈물을 닦으며 환성을 질렀다. 나도 무지개를 뚫어져라 쳐다봤다. 도시에서 생활하는 현대인이 평생 무지개를 몇 번이나 볼 수 있을까? 그런데 빨강, 노랑, 초록, 파랑, 보라, 아무리 봐도 무지개는 다섯 가지 색이었다. 뉴턴이 거짓말을 한 걸까?

사실 뉴턴은 처음에는 열한 가지 색을 생각하고 있었다. 논리적이고 냉철한 뉴턴 역시 내면에는 약간의 신비주의적 성향을 갖고 있었다. 음악은 도레미파솔라시, 이렇게 일곱 개의 음계로 이루어지지 않는가. 하느님이 세상을 체계적으로 그리고 아름답게 만들었다면, 이 세상에 동일한 규칙을 적용했을 것이다. 그리고 음악에 반음이 있듯 색에도 반색이 있어야 한다. 주황(오렌지)과 남색(인디고)이 그것이다. 대충 이게 뉴턴의 논리였다. 뉴턴은 30대 이전에 온갖 중요한 연구를 다 마치고 이후에는 연금술에 매달렸다. 더욱 신비주의로 내달은 것이다.

과학에서 이런 신비주의는 어떤 경우에는 우리를 새로운 발견으로 이끌기도 하지만 대부분의 경우에는 세상을 정확히 보는 데 아무런 도움이 되지 않는다. 20세기 들어 모든 물질이 원자라는 작은 입자들로 이루어져 있다는 걸 알게 됐을 때, 일반 대중은 물론이고 심지어 과학자들 중에도 다음과 같은 생각을 하는 사람들이 있었다. 원자의 구조를 보면 가운데 커다란 원자핵이 있고 그 주위를 전자들이 돌고 있다. 마치 태양을 중심으로 행성들이 돌고 있는 작은 태양계와 같지 않은가! 어쩌면 더 작은 태양계도 있고, 더 큰 태양계도 있을 것이다. 그리고 거대한 우주의 법칙이 동일하게 작용할 것이다. 오늘날 우리는 이런 논리가 얼마나 비과학적인지 알고 있다.

독일의 문호이자 철학자인 요한 볼프강 폰 괴테는 뉴턴의 색채 이론에 불만이 많았다. 그는 빨주노초파남보, 이런 단순하고 선형적인 모델로는 색채라고 하는 복잡한 현상을 설명하지 못한다고 생각했다. 그래서 그는 이 세상의 수많은 색들을 체계적으로 분류하고자 했다. 우선 인간이 어떻게 색을 느끼는가에 따라 세 가지로 구분했다. 파워 그룹, 소프트 그룹 그리고 밝은 그룹이 그것이다. 그러다 보니 좀 더 연구할 이유가 생겼고 그는 색채 연구에 빠져들었다. 몇 년 후, 그는 자신의 연구를 집대성한 저서 《색채 이론 _Theory of Colors_》을 출간했다.

그는 다른 어느 것보다 이 책을 자신의 최대 업적으로 생각했다. 나도 이 책을 읽은 적이 있다. 불행하게도 이 책의 상당 부분은 자연과학에 대한 그의 오해에 기인한다. 그럼에도 불구하고 한 가지 매우 중요한 이슈에서 그는 대단한 통찰력으로 상황을 정리하고 있다. "색채라고 하는 것은 물리적 현상이 아니라 인간 마음속 현상이다." 쉽게 말하면 '빨강', '노랑', '파랑'은 마치 '사랑', '증오', '민주주의'와 같이 우리 마음속에만 존재하는 개념이란 이야기다. 우리와는 다른 사고 구조를 가진 외계인에게 '빨강'이 무엇인가 설명할 방법이 없다는 것이다. 그는 그 방대하고 지루한 책에서 한 걸음 더 나아가 색의 관계에 대해 설명한다. 빨간색에 반대되는 색은 초록색이다. 보라색은 노란색의 반대다. 모든 색에는 반대 감정을 일으키는 색이 존재한다. 오늘날 우리는 이걸 보색 관계라고 부른다.

괴테가 이런 걸 연구하던 시대는 마침 낭만주의 시대였다. 낭만주의가 뭔가? 거칠게 요약하면 모든 걸 과학이나 이성에 의존하는 추세에서 벗어나자는 것이다. 당연히 예술가들은 괴테에 열광했다. 작곡가 베토벤도 괴테의 《색채 이론》을 탐독했다고 한다. 영국 미술계의 거장 윌리엄 터너도 이 책에 밑줄 그으며 읽었다. 그의 대표작 〈전함 테메레르〉를 보자. 수명이 다해 퇴역하는 전함의 마지막 항해를 그린 이 그림에서 저녁노을이 만드는 노란색과 하늘과 강물이 만드는 파란색은 괴테가 제시한 보색 관계를 충실히 따르면서 극적인 분위기를 자아내고 있다.

누가 맨 처음 시도했는가에 대해서 약간의 논쟁은 있으나, 최초로 추상화를 '발명'한 걸로 알려진 바실리 칸딘스키Wassily Kandinsky도 괴테의 색채 이론을 적극적으로 받아들였다. 다음 그림은 〈구성 5〉라는 제목의 추상화다. 터너의 그림과 비교해보라.

윌리엄 터너, 〈전함 테메레르〉

바실리 칸딘스키, 〈구성 5〉

두 그림이 그려진 시대도 다르고, 그림 장르도 다르지만 색채의 사용과 그림이 주는 느낌이 뭔가 비슷하지 않은가?

색의 3원소는 빨강, 노랑, 파랑이다?

프랑스대혁명이 끝나고 나서도 프랑스인들은 수시로 혁명을 일으켰다. 사람들이 혁명에 지쳐 있던 1815년, 프랑스 왕립태피스트리제작소에 새로운 소장이 취임했다. 프랑스 최고 화학자 미셸 슈브뢸Michel Chevreul이었다. 양탄자나 만들고 수리하는 기관이 뭐 그렇게 중요하냐 반문할 수도 있겠지만, 동양권과는 달리 유럽에서는 양탄자가 회화 못지않게 중요한 예술로 간주됐다. 그런데 중요한 문화유산의 하나인 루이 14세 시대 양탄자의 붉은색이 심하게 변색되기 시작했다. 슈브뢸에게 이 문제를 해결하라는 막중한 임무가 주어졌다.

슈브뢸은 문제를 해결하는 과정에서 흥미로운 현상을 발견했다. 같은 붉은색이라도 그 주위에 무슨 색이 배치되어 있느냐에 따라 붉은색의 느낌이 달라지는 것이었다. 약간 낡은 붉은색이라도 검정색과 대치되면 선명한 붉은색으로 보이는 반면, 선명한 붉은색이 노란색과 얽혀 있으면 칙칙하게 보였다. 한 가지 더, 붉은색 실과 노란색 실이 서로 얽혀 있으면 멀리서 볼 때는 오렌지색으로 보였다. 그는 이렇게 색채들이 서로 영향을 주는 현상을 면밀하게 연구하고 그 결과를 《색채의 하모니와 대치》라는 책으로 출간했다. 그는 102세까지 살았고 그의 이름은 프랑스를 대표하는 과학자 72인 중 한 명으로 에펠탑 하단부에 새겨져 있다.

생전에 생화학 분야에서 다양한 연구를 했던 그는, 죽기 직전에 인간 수명 연장에 대한 연구를 막 시작했다고 한다. 그가 생명 연장 연구를 조금 일찍 시작했더라면 우리는 오래전에 100세 시대를 맞이했을지도 모른다.

슈브뢸의 연구는 회화에 엄청난 영향을 미쳤다. 색을 선택하고 효과적으로 배치하는 문제는 화가들에게 가장 중요한 문제 중 하나이니 어쩌면 당연하다고 할 수 있다. 일설에 의하면 고흐는 그림을 그릴 때 항상 슈브뢸의 책을 휴대했다고 한다. 조르주 쇠라Georges Seurat는 한 걸음 더 나아가 그의 이론을 바탕으로 자신만의 새로운 스타일을 창조했으니, 바로 점묘주의pointillism다.

색은 혼합할수록 탁해진다. 색을 혼합하지 않고도 원하는 색을 만들어낼 수는 없을까? 슈브뢸의 이론에 따르면 소수의 기본 색들을 적당한 비율로 섞으면 어떤 색이든 만들 수 있다. 그렇다면 색을 섞는 대신에 색을 촘촘히 배치시켜도 되지 않을까? 쇠라는 마치 실험을 하듯 그림을 그렸다. 그의 대표작 〈그랑자트 섬의 일요일 오후〉는 3년여에 걸친 실험의 결과다. 이 그림은 가까운 거리에서 보면 여러 가지 색깔의 점들의 향연처럼 보이지만 시야를 뒤로 하면 마치 마술처럼 의미 있는 그림이 나타난다. 시

조르주 쇠라, 〈그랑자트 섬의 일요일 오후〉

카고 미술관에 걸려 있는 그의 그림 주변에는 항상 관람객들이 모여 있다. 그러나 개인적 견해로는 그가 고생한 만큼 소기의 성과를 거두지 못했다고 생각한다. 쇠라는 32세에 요절했다.

나는 얼마 전 컬러 프린터를 한 대 구입했다. 디지털 카메라로 찍은 사진을 컬러로 출력할 수 있어서 너무 좋았다. 그런데 문제는 컬러 프린팅을 하려면 컬러 잉크 카트리지가 여러 개 필요하다는 점이다. 내 프린터에는 카트리지 네 개가 필요하다. 마젠타, 사이언Cyan, 옐로Yellow 그리고 블랙Black이다. 마젠타는 약간 핑크빛을 띤 빨간색이고, 사이언은 약간 밝은 파란색이다. 블랙을 제외한 이들 세 가지 색을 색의 3원소라고 부른다. 슈브뢸의 색채 이론에 따르면, 이들 세 가지 색만 있으면 이 세상 모든 색을 만들 수 있다. 여기서 한 가지 명심할 점이 있다. 혹시 학교에서 빨강, 파랑, 노랑을 색의 3원소라고 배웠다면 틀렸다. 이 세 가지 색으론 모든 색을 만들 수 없다.

　19세기 말 〈뉴욕 선_New York Sun_〉을 펴내던 언론사 사장의 아들 벤저민 데이_Benjamin Day_는 신문을 값싸게 컬러 인쇄할 방법을 찾고 있었다. 물론 컬러 인쇄 기술은 그 당시 이미 충분히 개발되어 있었다. 다만 가격이 문제였다. 무엇보다 컬러 인쇄는 많은 비용이 들었다. 신문이나 싸구려 잡지와 같이 한 번 보고 버리는 인쇄물에 기존 방식은 적절치 않다고 생각한 그는 꼼수를 뿌렸다. 마젠타, 사이언, 옐로, 세 가지 색을 가진 작은 원들을 적당히 포개놓으면 색을 혼합한 효과를 낼 수 있을 거라고 생각한 것이다.

　조잡하긴 하지만 저렴하게 색채를 프린트하는 이 방식은 1930~40년대 슈퍼히어로 만화책 출판에 일등 공신 역할을 했다. 흑백이 아닌 컬러풀한 캐릭터로 등장한 슈퍼맨과 배트맨에 사람들은 열렬한 환호를 보냈다.

벤저민 데이 방식의 컬러 인쇄　　　로이 리히텐슈타인의 벤저민 데이 방식 응용

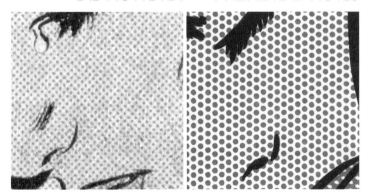

로이 리히텐슈타인은 만화 컷을 크게 확대함으로써 슈퍼히어로 만화라는 값싼 대중문화를 최고의 예술로 바꿔놓았다. 쇠라가 했던 것처럼 컬러로 점을 찍어 그리는 대신, 그는 벤저민 데이가 개발한 컬러 프린팅 방식대로 큼지막한 동그라미를 조합해서 사용했다. 쇠라와 달리 그는 동그라미들을 직접 그리지 않고 조수들에게 시켰다. 아무튼 그의 작품은 2010년 크리스티 경매에서 무려 4200만 달러에 팔렸고 3년 후 또 다른 작품은 5600만 달러에 낙찰됐다. 동일한 색채 이론을 가지고 창작했던 쇠라와 리히텐슈타인. 한 사람은 배고프게 살다가 요절했고, 다른 한 사람은 부와 명성과 장수를 누렸다. 세상은 불공평하다. 특히 예술의 세계는 더 불공평하다.

화이트와 블랙

이제까지 색깔의 역사를 훑어보면서 여러 가지 색깔에 대해 살펴봤다. 그런데 가장 중요한 두 가지 색깔이 빠졌다. 바로 화이트와 블랙이다. 사실 화이트와 블랙은 엄밀한 의미에서 색깔이 아니다. 화이트는 모든 색을 반사해서 발생한 특수 효과이고, 블랙은 모든 색을 흡수해서 나타난 또 다른 특수 상황에 불과하다. 그럼에도 불구하고 모든 색을 반사하거나 흡수하게 만드는 안료나 염료에 대한 이야기 없이 이 장을 마무리하기에는 뭔가 아쉽다.

화이트는 고상하고 숭고한 것을 연상시킨다. 우리 국민도 예전에는 흰옷을 즐겨 입는 백의민족이라고 하지 않았나. 미국인들은 수도 워싱턴을 건설할 때 건축물에 이상적인 민주주의 국가라는 정신을 담아내고 싶어 했다. 그래서 민주주의의 발상지인 고대 그리스를 참조했다. 아테네 아크로폴리스 같은 건물, 고대 그리스 조각과 같은 이상적인 형상 그리고 하얗고 투명한 대리석의 질감…. 지금도 미국의 수도 워싱턴D.C.에 가면 백악관, 국회의사당, 링컨기념관 모두 하얀색이다.

사실 고대 그리스의 조각과 건물은 화이트와는 거리가 멀었다. 당초엔 화려한 색깔과 금빛으로 오색찬란하게 번쩍였다. 다만 오랜 세월이 흐르면서 색이 다 벗겨졌을 뿐이다. 그런데 고대 그리스나 로마 예술품이 다채로운 색깔로 칠해졌었다는 걸 후대인들은 쉽게 용납할 수 없었다. 이런 이유로 한동안 그리스나 로마 유물이 출토되면 일부러 하얗게 닦아내거나 심지어는 세척제로 탈색시켰다고 한다.

아무튼 그리스 덕택에 화이트는 민주주의를 상징하는 색깔이 됐다. 민주주의 국가를 운영하는 CEO가 일하는 곳도 당연히 흰색이어야 했다. 처음 백악관을 하얗게 칠하는 데 100톤 넘는 페인트가 사용됐고 지금도 매년 2톤가량의 흰색 페인트가 들어간다고 한다. 민주주의를 상징하는 데도 적지 않은 비용이 든다.

낭만주의 시대의
소셜 네트워크

세상은 웃음으로 가득하고, 눈물로도 가득해요.
세상엔 서로 나눌 것도 많고, 우리가 함께
알고 있어야 할 것도 많아요. 정말 작은 세상이죠.

〈잇츠 어 스몰 월드〉(디즈니랜드 테마송)

8
—

소셜 네트워크란 용어가 매스컴
에 자주 등장한다. 카카오톡, 트위터, 페이스북 등 지인들끼리 소
식을 주고받거나, 사진을 공유하거나, 불특정 다수에게 자신의
견해를 피력하거나 하는 서비스를 제공하는 매체들이다. 여기서
한 걸음 더 들어가보자. 나와 대통령은 몇 단계로 연결되어 있을
까? 우리 지역 국회의원을 직접 알지 못해도 중간에 지인 한 명
을 끼워 넣으면 연결될 것이다. 그 국회의원 역시 대통령을 직접
만날 만큼 친하지 않더라도 중간에 한 사람을 끼워 넣으면 연결
될 것이다. 그러니까 나와 대통령은 세 사람을 거치면 만날 수 있
을 정도로 가깝다. 대한민국 국민 대부분이 서너 단계만 거치면
대통령과 연결될 수 있을 것이다.

이걸 학문적으로 연구한 사람이 1960년대에 하버드대학 교
수였던 스탠리 밀그램Stanley Milgram이다. 그는 미국인 두 명을 무

작위로 선택했을 때 이 두 명이 몇 단계를 거치면 서로 연결될 수 있는지 궁금했다. 이를 알아보기 위해 그는 미국 대륙 서쪽 끝 태평양 연안에 거주하는 사람들에게 임무를 부여했다. 일종의 행운의 편지 같은 거였다. 다만 편지의 최종 목적지를 알려줬다. "이 편지를 받으신 분은 뉴욕에서 제과점을 하고 있는 스미스 씨에게 보내주세요. 만일 개인적으로 스미스 씨를 알지 못하면 당신이 알고 있는 사람 중에서 조금이라도 편지를 전달할 가능성이 높은 사람에게 보내주세요." 실험 결과 놀랍게도 평균 6단계 이내에 미국 대륙을 가로질러 스미스 씨에게 편지가 도착하더라는 것이다. 미국인은 다른 모든 미국인들과 6단계 이내로 연결되어 있다는 결론이 나왔다. 이 이론을 확장하면 이 세상 모든 사람은 6단계 이내에서 서로 연결되어 있다는 추론이 가능하다.

오늘날 매스컴에도 가끔 등장하는 '6단계 연결고리Six Degree of Separation'라는 멋진 용어는 밀그램이 만든 것이 아니라 극작가 존 구아레John Guare가 연극 제목으로 사용하면서부터 유행하기 시작했다. 국내에서도 인기 있었던 미국 드라마 〈로스트〉 역시 드라마 안에서 직접적으로 6단계 연결고리를 언급하진 않았지만, 스토리의 기본 플롯은 전혀 관련 없어 보이는 두 사람 간에 우연이라기보다 필연적인 연결고리가 존재한다는 거였다. 그리 놀라운 일은 아니다. 〈로스트〉를 제작한 제프리 에이브럼스Jeffrey Abrams는 젊은 시절 구아레의 연극 〈6단계 연결고리〉에 출연한 적이 있으니 말이다. 이래저래 좁은 세상이다.

케빈 베이컨 게임

'케빈 베이컨 게임Kevin Bacon Game'이란 게 있다. 영화 팬이라면 케빈 베이컨이 누구인지 잘 알 거다. 슈퍼스타는 아니지만 꽤 알려진 스타급 배우로, 배우 유해진처럼 다양한 영화에 출연했다. 다만 유해진과 다른 점은 온갖 악역을 도맡아 했다는 것이다. 우리에게는 〈할로우 맨〉, 〈미스틱 리버〉, 〈엑스맨〉 등으로 잘 알려져 있다. 각설하고, 케빈 베이컨 게임의 내용은 이렇다. 누구든 상관없으니 할리우드 배우의 이름을 대라. 그러면 이 배우와 케빈 베이컨이 어떻게 연결되어 있는지 알아낼 수 있다. 이를테면 이병헌은 조지프 마젤로와 함께 〈지. 아이. 조〉에 출연했고, 조지프 마젤로는 케빈 베이컨과 함께 〈리버 와일드〉에 출연했다. 그러니까 이병헌은 케빈 베이컨으로부터 불과 2단계 거리에 있는 것이다. 할리우드 역시 매우 좁은 세상이다.

세상 사람들이 예상과 달리 서로 조밀하게 연결되어 있다는 것이 알려지면서, 구체적으로 어떻게 연결되어 있으며, 어떤 특징이 나타나는지, 또 그런 연결망을 어떻게 이용할 수 있는지 학계가 관심을 갖게 됐는데, 이걸 연구하는 것을 소셜 네트워크라고 한다. 한 예로 테러 조직이나 간첩 조직이 어떻게 연결되어 있는가를 밝혀내는 것은 사회 안전망 구축에 큰 도움이 될 것이다. 바이러스에 의한 전염성 질환이 퍼질 때, 누가 누구와 접촉했는지, 전염병이 누구를 매개로 퍼졌는지, 어떤 사람들을 격리하는 것이 전염병 확산을 막는 데 가장 효과적인지 역시 소셜 네트워크에서 다루는 문제다. 그런가 하면 대선이나 총선 때 일반인을 대상으로 한 홍보도 필요하지만, 소셜 네트워크에서 다른 사람들에게 큰 영향력을 행사하는 사람들을 추려내서 이들을 중점적으로 홍보하고 설득하면 순식간에 큰 효과를 기대할 수 있기도 하다.

이런 사회적 연결망은 옛날에는 매우 취약했을 거라 추정된다. 가족과 친척, 동네 사람을 넘어서 연결고리가 형성되긴 매우 어려웠을 것이다. 동네 이장 정도 되면 이웃 동네 이장들과도 교류가 있었을 텐데, 이런 사람들을 허브Hub라고 부른다. 어떤 커뮤니티든 허브가 있게 마련이다. 연예계에선 기획사 사장이 허브일 테고, 미술계에선 개별 작가들은 서로 잘 모른다 해도, 많은 작가를 알고 있는 갤러리 사장이나 미술관 큐레이터 같은 사람들이 허브 역할을 한다. 사회적 연결망은 농경사회를 벗어나 도시화되기 시작했을 때부터 급속히 발달했다. 즉, 산업혁명이 진행되면서 다양한 형태의 커뮤니티가 생겨나기 시작한 때부터라고 볼 수 있다.

과학도 낭만적일 수 있을까?

19세기 초는 예술적으로 매우 흥미로운 시대였다. 오늘날 우리가 예술가에 대해 갖고 있는 이미지, 그러니까 예술가란 천재이지만 고독하고, 한 가지 혹은 한 사람에만 집착하는 외곬수이고, 술과 담배에 찌들어 있고, 방랑벽이 있고, 젊은 나이에 요절하고, 살아생전에는 찢어지게 가난했지만 죽은 다음에야 빛을 본다는, 그런 전형적인 이미지가 만들어진 시대가 바로 이때다. 물론 모든 예술가가 다 그랬던 건 아니다. 문호 빅토르 위고는 살아생전 대단한 영예를 누렸다. 실제로 '고독한 천재 예술가'는 극히 소수에 불과했으나 이들의 이미지가 시대정신을 대표한 것이다. 이 시대를 낭만주의 시대, 당시의 예술 사조를 낭만주의라고 부른다. 프랑스에서는 하루가 멀다 하고 시민혁명이 일어나고, 영국에서는 산업혁명이 가져온 기계화에 지쳐 있던 시대이기도 하다.

낭만주의 스타일은 당연히 '낭만적'이다. 이 부류의 화가들은 제도권에서 일어나는 큰 행사의 기념화, 왕족과 귀족 그리고 부유층의 초상화, 자연의 사실적인 묘사 등에는 별로 관심이 없었다. 그들의 관심사는 오직 사회적으로 물의를 빚은 사건, 남녀 간의 장벽을 뛰어넘은 사랑, 이국적인 문화, 비이성적이고 환상적인 세계였다. 그러다 보니 가끔은 작품의 소재와 배경을 중세 시대나 고대 시대 혹은 문학 작품에서 빌려오기도 했다.

과학도 낭만적일 수 있을까? 논리와 이성이 지배하는 과학에는 감성과 미스터리로 대표되는 낭만성이 개입할 여지가 없어 보인다. 그러나 그렇지 않았다. 짧은 기간이긴 하지만 과학에도 낭만적 조류가 퍼졌다. 미지의 세계로의 위험한 탐험, 상식에 반해서 은밀하게 진행된 실험, 논리 체계를 벗어난 감성적인 연구가 그것이다. 이를테면 이 시기의 과학자들은 해부학으로는 설명할 수 없는 인간의 됨됨이를 밝혀내기 위해 영혼이 무엇인지 알아내려 애썼다. 어떤 과학자는 영혼의 실체는 전기라 생각하고 대중 앞에서 갓 죽은 동물이나 사람에게 전기 자극을 주어 회생시키는 실험을 하기도 했다. 이 시대의 과학적 분위기를 조금이나마 맛보려면 뮤지컬 〈지킬과 하이드〉를 보면 된다. 그러나 낭만주의적 과학의 하이라이트는 3년간 배를 타고 항해하는 동안 이루어진 다윈의 진화론 연구일 것이다. 이에 관해서는 다음 장에서 상세히 살펴보자.

기술 분야에서도 낭만적인 분위기가 팽배했다. 하늘 높이 날아올라 와인을 한잔하며 속세를 내려다보는 낭만적인 꿈은 과학자들로 하여금 그 당시 막 발견된 수소와 헬륨같이 공기보다 가벼운 기체를 사용한 열기구 개발을 부추겼다. 프랑스는 국가 차원에서, 영국은 개인이나 사설단체에서 경쟁적으로 나서, 얼마 지나지 않아 영국해협 횡단 그리고 무산되긴 했으나 대서양 횡단을 시도하게 된다. 특히 열기구 개발은 기술적인 측면보다 탐험적인 측면이 더 강해서 당시 용기 있는 탐험가들이 앞다퉈 나섰고 대중들은 이 무모하지만 용감한 도전에 환호했다. 이후 열기구 개발은 20세기 초반 독일에서 개발한 수소비행선 힌덴부르크 호가 여행객 100여 명을 태우고 공중에서 폭발하는 사건을 계기로 일단락된다.

여기서 우리도 낭만주의 시대를 배경으로 앞서 소개한 케빈 베이컨 게임을 해보자. 먼저 케빈 베이컨처럼 많은 작품에 출연한 과학계와 예술계 인사를 찾아야 한다. 영국의 과학자 찰스 배비지Charles Babbage는 살아생전 오늘날 할리우드의 배우 케빈 베이컨과 유사했다. 그가 주최하는 파티에 초대받지 못하면 유명 인사가 아니라는 말까지 있을 만큼, 그는 인맥이 넓었다. 그 시대 웬만한 과학자는 이 사람과 직접 혹은 2~3단계로 연결되어 있었을 것이다. 그러나 게임의 난이도를 높일 겸 바다 건너 독일의 예술계에서 한 명을 선택하자. 우리가 잘 아는 독일 낭만주의 화가 카스파르 다비트 프리드리히Caspar David Friedrich는 어떨까? 사실 이 게임의 문제점은 그 당시 과학계와 예술계 인사들이 어떻게 얽혀 있었는지 알아볼 만한 문헌 자료가 많지 않다는 것이다. 고작해야 웹 서핑이 유일한 방법이다. 자, 시작하자.

게임의 시작, 찰스 배비지

찰스 배비지는 케임브리지대학 수학과 교수였다. 그러나 그를 유명하게 만든 것은 컴퓨터다. 그는 증기기관으로 작동하는 컴퓨터를 제작할 것을 영국 정부에 제안했다. 디퍼렌셜 엔진Differential Engine으로 명명된 이 컴퓨터 개발 프로젝트에 영국 정부는 그 당시 최첨단 전함 세 척을 건조할 수 있는 어마어마한 예산을 투입

한다. 그런데 문제가 발생했다. 워낙 머리가 비상한 배비지는 이 프로젝트를 제안해놓고도 막상 진행 과정에는 별로 관심이 없었다. 프로젝트 진행 기간 내내 그는 성능이 더 좋은 새로운 컴퓨터를 설계하는 데 빠져 있었다. 그래서 프로젝트 진행 도중에 여태까지 만들던 건 날려버리고 애널리틱 엔진Analytic Engine이라 하는 차세대 신개념 컴퓨터를 개발하자고 영국 정부에 다시 제안했다. 화가 치민 영국 정부는 프로젝트 전체를 중단시켰고 배비지의 두 컴퓨터는 결국 설계도로만 존재한다. 세계 최초 컴퓨터는 그로부터 약 반세기 후에 탄생했다. 다만 증기기관이 아니라 전기로 작동하는 컴퓨터였지만 말이다.

1단계: 에이다 러브레이스 찰스 배비지와 영국 정부 모두에겐 큰 고민이 있었다. 컴퓨터를 만든 후에 이걸로 뭘 할까? 당연히 수학 계산이 주 용도이지만, 계산만 하기에는 뭔가 부족해 보였다. 이때 에이다 러브레이스Ada Lovelace가 나타났다. 그녀는 컴퓨터를 계산기가 아닌 정보 처리 기계로 보았다. 그녀는 오랜 기간에 걸쳐 배비지와 기술적 교류를 하면서 요즘 용어로 하면 프로그래밍이란 개념을 만들어냈다. 오늘날 그녀를 세계 최초의 프로그래머라고 칭한다. 에이다 러브레이스 데이인 10월 13일, 현재 영국에서는 이 날을 여성 과학자의 날로 기념하고 있다.

러브레이스는 홀어머니 밑에서 엄격한 교육을 받으며 자랐다. 사실 러브레이스에게도 아버지가 있었다. 그러나 지나칠 정

찰스 배비지   에이다 러브레이스

도로 낭만적이었던 아버지와 격리시키기 위해서 러브레이스의 어머니는 그녀를 낳자마자 갓난아이를 싸안고 집을 나왔다. 그후 다시는 남편과 상종하지 않았다. 아버지의 바람기를 닮을까 봐 우려한 러브레이스의 어머니는 그녀가 어릴 때부터 과학 교육을 시켰다. 그리고 러브레이스가 조금이라도 느슨한 낌새가 있으면 커다란 널빤지에다 몸을 곧게 꽁꽁 묶어놓았다고 한다. 곧은 자세가 곧은 마음과 곧은 행실을 유발한다는 생각이었겠지만 어찌 보면 전혀 논리적이지 않은 '낭만적' 교육 방법이라고 할 수 있다.

    2단계: 조지 바이런   러브레이스의 아버지는 그의 직계 가족을 제외한 전 영국이 사랑하고 자랑하는 예술가였다. 바로 낭만주의 시인 조지 바이런 경George Lord Byron 말이다. 바이런의 아버지는 구제 불능급 바람둥이였고, 아내의 재산과 가문 덕택에 귀족이 된 인물이었다. 바이런 역시 아버지의 피를 그대로 물려받았다. 바이런은 러브레이스의 어머니와 결혼하기 직전까지 그녀의 언니와 열렬한 사랑을 나누고 있었고, 결혼 후에도 그의 주위에는 항상 여자들이 맴돌았다. 사실 러브레이스의 어머니가 가출을 하지 않았더라면 그가 먼저 가출했을 것이다. 전 유럽을 떠돌며 방랑 생활을 하던 그는 생뚱맞게 그리스 독립전쟁에 참전해서 생을 마감했다. 아쉽게도 전쟁터에서 죽은 것이 아니라 병에 걸려 죽긴 했지만 말이다. 그의 열혈 팬들은 그를 웨스트민스터

조지 바이런

메리 셸리

에 안장하려고 했으나 영국 정부의 반대로 결국 개인 묘지에 잠들게 됐다.

3단계: 메리 셸리 　바이런 경이 유럽을 방황하다가 잠시 스위스 제네바 호반에 머문 적이 있다. 물론 혼자가 아니었다. 아내의 사촌동생인 클레어와 함께였다. 그러던 어느 날 젊은 예술가 부부, 아니 가족을 버린 남자와 가출한 젊은 여자가 그를 방문했다. 남자의 이름은 퍼시 셸리Percy Shelly, 여자의 이름은 메리 고드윈Mary Godwin이었다. 이들 세 명은 어느 천둥 번개 치고 비바람 불던 날 저녁, 누가 더 무서운 이야기를 할 수 있는가를 두고 게임을 벌였다. 남자는 뱀파이어 스토리를 만들어냈다. 여자 옆에는 마침 바이런과 동행한 과학자가 앉아 있었다. 과학자를 한참 쳐다보고 있던 여자에게 새로운 아이디어가 떠올랐다. 과학자가 죽은 사람에게 새로운 생명을 부여하는 이야기였다. SF 소설의 고전《프랑켄슈타인》은 이렇게 태어났다.

그 후 이 커플은 돈이 떨어져서 영국으로 돌아온다. 남자는 앞서 말했듯이 유부남이었다. 집을 나가서 10대 여자와 함께 전 유럽을 돌고 돌아온 남편을 아내는 어떻게 대했을까? 아내는 수치심을 이기지 못하고 물에 뛰어들어 자살하고 만다. 그리고 일주일 후에 남자와 여자는 결혼했다. 이제 메리 고드윈은 메리 셸리가 됐다. 메리 셸리의《프랑켄슈타인》은 선풍적인 인기를 끌었다. 셸리 부부는 이후에도 여행을 계속했다. 그러다 남자는 이탈리아에서 물에 빠져 익사하고 여자는 영국으로 귀향했다.

메리 셸리는 남편을 잃은 후에도 남편에 대해 대단한 사랑과 존경심을 가지고 있었다. 그녀는 우리에게 가곡 〈홈 스위트 홈〉의 작사가로 알려진 미국의 극작가이자 배우 존 하워드 페인John Howard Payne이 열정적으로 청혼했을 때 다음과 같은 말로 일축했다. "내 젊은 시절을 천재와 함께했는데, 그만 한 천재가 아니라면 내 마음에 머물게 할 수 없습니다." 페인은 어쩔 수 없이 그녀를 포기해야 했다. 그리고 그가 알고 있는 소셜 네트워크를 가동해서 그가 가장 천재라고 생각하는 예술인을 메리 셸리에게 소개했다. 소설 《립반윙클》과 《슬리피할로우의 전설》의 저자 워싱턴 어빙Washington Irving이었다. 그러나 둘은 결코 이루어지지 않았다. 메리 셸리는 53세의 나이로 세상을 떠났다. 병명은 뇌종양이었다.

4단계: 워싱턴 어빙 미국인 워싱턴 어빙은 다재다능한 인물이었다. 오늘날 그는 소설가로 알려져 있으나 사실 그에게 소설은 취미 활동에 불과했다. 어빙은 그 당시 영국에서 유명 인사가 된 최초의 미국 소설가였으며 사업가, 스페인 대사로도 활약했다. 나이 들어서는 너대니얼 호손Nathaniel Hawthorne, 에드거 앨런 포Edgar Allan Poe와 같이 떠오르는 젊은 문학도들의 멘토 역할을 했을뿐더러, 예술가의 저작권 보호를 위해 정치권에 로비를 하기도 했다. 미국-영국-프랑스-독일-스페인을 활동 무대로 한 그는 제도권 내에서 활동한 또 다른 유형의 낭만주의자였다.

　5단계: 카스파르 다비트 프리드리히　워싱턴 어빙이 잠시 독일 드레스덴에 머물렀던 적이 있다. 이미 국제적인 인지도가 있었기에 그는 드레스덴의 사교계에서도 인기가 높았다. 한 미국인 사업가의 저택에서 그는 매우 흥미로운 그림 한 점을 발견했다. 그 지역의 화가 카스파르 다비트 프리드리히의 그림이었다. 독일 낭만주의를 대표하는 화가 프리드리히는 당시 이미 '이 세상 고독한 사람들 중에서도 가장 고독한 사람'으로 알려질 만큼 두문불출하고 있었기 때문에 두 사람이 직접 만났을 가능성은 매우 희박하지만 누가 알겠는가. 그 지역의 유명 인사였던 프리드리히를 어빙이 그냥 지나치지는 않았을 것이다. 아무튼 어빙은 그 미국인 사업가의 막내딸에게 청혼을 했으나 거절당했다. 그리고 프리드리히의 그림만큼이나 뻥 뚫린 가슴을 안고 어느 겨울 아침 드레스덴을 떠났다.

게임의 끝, 카스파르 프리드리히

　지금까지 우리는 낭만주의 시대를 배경으로 케빈 베이컨 게임을 해봤다. 임의로(사실은 매우 용의주도하게) 카스파르 다비트 프리드리히를 선택해서 이 예술가와 과학자 배비지가 5단계로

카스파르 다비트 프리드리히, 〈안개 낀 바다 위의 방랑자〉

연결되어 있음을 알아냈다. 만일 프리드리히가 아니라 다른 낭만주의 예술가, 이를테면 들라크루아, 쇼팽, 혹은 멀리 러시아의 톨스토이를 선택했어도 별 문제없이 두 사람을 연결할 수 있었을 것이다.

오늘날 우리가 살고 있는 세상은 더 촘촘히 연결되어 있고 세상의 체감 크기는 더 작아졌다. 이미 반세기 전에 사람들은 디즈니랜드의 테마송 〈잇츠 어 스몰 월드〉에 공감했을 뿐만 아니라 많은 아이들이 이 노래를 따라 불렀으나 세상은 그때보다 훨씬 작아졌다. 유명 인사가 아닌 일반 대중들도 혈연, 지연, 학연, 동호회, 팬클럽 등 오프라인으로, 카카오톡, 페이스북, 게임길드, 블로그 등 국경을 넘는 온라인 형태로 서로 연결되어 있다. 어떨 땐 순간적인 마주침이 영구적인 네트워크로 굳어지기도 한다.

이미 오래전에 노벨상 수상자 워런 위버Warren Weaver는 이렇게 말했다. "옛날 뉴턴 시대의 과학은 태양과 지구처럼 1대1의 문제를 다뤘다. 20세기 초 현대과학은 원자, 분자처럼 수많은 구성 요소들로 이루어진 시스템을 다뤘다. 그러나 구성 요소들 간에 복잡한 관계는 없어서 통계적인 방법을 적용할 수 있었다. 그런데 오늘날의 과학은 서로 복잡하게 얽혀 있는 구성 요소들로 이루어진 상황을 대면하고 있다."

복잡성Complexity, 이 단어야말로 현대 물질문명과 정신세계를 대표하는 단어가 아닐까? 아닌 게 아니라 현대에는 예술도 엄청 복잡하다.

예술 작품도
진화한다

자연선택설에 대해 말하자면,
인간의 선택과 달리 지속적이고 총체적이다.
마치 어떤 예술적 행위도 자연의 행위에
비교할 수 없는 것처럼 말이다.

찰스 다윈 Charles Darwin

9

그는 좋은 집안에서 태어났다. 그의 할아버지는 유명한 학자이자 시인이며 발명가였다. 아버지는 잘나가는 의사였고 어머니는 대기업 회장의 딸이어서 그가 평생 일하지 않아도 될 만큼 부유했다. 아버지가 의사면 아들에게 뭘 시키고 싶어 할까? 당연히 의사다. 그런데 아들은 의학에는 별 관심이 없었다.

하루는 아들을 앉혀놓고 진지하게 물었다. 너 이담에 커서 뭐 하고 싶으냐. 아들은 머리를 긁적이면서 말했다. 글쎄요…. 전형적인 귀차니즘 증세다. 아무튼 의대에 진학은 시켰지만 결국 중도 하차하고 말았다. 그래서 이번에는 신학대학에 입학시켰다. 먹고살 걱정 없는 아들에게 성직자도 괜찮은 직업이라고 생각했다. 그러나 그것도 역시 실패였다. 아들은 공부보다는 승마와 사격에 더 재능을 발휘했다.

하는 수 없이 할아버지가 손을 써서 자연과학대학에 편입학 시켰다. 그랬더니 제법 공부에 취미를 붙여서 결국 178명 중 10 등으로 졸업했다. 마침 국가에서 세계 일주 탐사 프로젝트를 준비 중이었다. 주위 누군가의 네트워크를 가동해 아들을 세계 일주 팀에다 끼워 넣었다. 그러다 보니 있지도 않은 자리를 만들어내야 했다. 선장의 저녁식사 말동무라는 희한한 직책이었다.

찰스 다윈은 이렇게 세계 일주 탐사선에 승선했고 이후 스토리는 전설로 남아 있다. 5년에 걸친 세계 일주를 마칠 즈음에 그는 이미 유명 인사가 되어 있었다. 그리고 오랜 세월이 흘러 기력이 소진하기 직전에 그는 책을 한 권 저술했다. 《종의 기원》, 세상을 바꾼 위대한 업적으로 칭송받는 바로 그 책이다.

책의 핵심 메시지는 간단하다. 세상은 현재 상태로 생겨난 것이 아니고 오랜 기간에 걸쳐 끊임없이 변화해왔다는 것이다. 그리고 변화의 주체는 신이 아니라 자연 그 자체라는 것이다. 이걸 자연선택이라고 한다. 증명할 수 있냐고? 당연히 없다. 그래서 오늘날에도 다윈의 이론을 믿지 않는 과학자들이 많다. 다윈의 놀라운 점은 당시로는 매우 황당한 가설을 엄청 공을 들여 논리적으로 풀어나갔다는 것이다. 그야말로 인간 승리고 인간 지성의 걸작이다. 참고로 500쪽에 달하는 《종의 기원》에는 단 한 개의 그림이나 삽화도 없다.

다윈의 유산, 진화예술

다윈의 이론은 자신이 전혀 예기치 못했던 방향으로 전개됐다. 먼저 적자생존이라는 용어가 등장했다. 인간을 포함해 최고의 능력을 가진 생명체만이 살아남아 세상을 지배한다는 것이다. 부자가 돈을 벌고 재벌이 등장하는 것은 그들이 일반인들보다 우월해서이고 따라서 너무나 당연한 결과라는 이야기였다. 카네기, 록펠러 같은 사람들이 이 이론을 적극 옹호했다. 사회 현상도 적자생존으로 해석하려고 하는 소셜 다위니즘이 등장한 것이다. 거기까지는 그렇다 치자. 소셜 다위니즘은 한술 더 떠서 우수한 민족이 세상을 지배한다는 정치적 다위니즘으로 발전했다. 독일에서는 나치즘, 이탈리아에서는 파시즘이 판을 치게 됐고, 그 결과 어마어마한 숫자의 유대인과 폴란드인 같은 소수민족이 학살됐다. 동양에서는 우리 민족과 중국인이 일본 군국주의의 제물이 됐다.

흥미로운 것은 나치즘이나 파시즘과 같은 독재주의의 최대 적이었던 공산주의도 소셜 다위니즘에 근거했다는 것이다. 카를 마르크스는 《종의 기원》을 읽고 깊이 감명받았다. '그래 맞아! 결국 세상은 생존을 위한 투쟁을 통해서 발전하는 거야.' 다위니즘은 그에게 이론적 토대를 제공했다.

세상은 지속적으로 변화하고, 그 변화의 중심에는 자연이 있다는 다위니즘은 예술에도 간접적으로 영향을 미쳤다. 당시 상황을 보자. 철도가 깔리고, 대도시에 우후죽순처럼 대규모 공장이 생기고, 공산품이 일반 가정에 들어오기 시작한 때다. 이때 사회 전반에 확산된 다위니즘은 예술가들의 시선과 마음을 유기체로 돌리게 했다. 단단히 다져진 세상이 아니라 계속 진화하는 세상이라면 예술 작품도 계속 자라고 진화해야 하지 않을까? 작품 자체가 유기물질이 될 수는 없지만 적어도 그런 느낌을 가질 수는 없을까?

예술가들은 그 활로를 꽃과 식물의 성장 형태나 추상적이지만 유기적인 곡선과 곡면의 패턴에서 찾았다. 그리고 일부 과학계 다윈론자들이 그랬던 것처럼 예술가들도 영적이고 상징적인 세계를 탐험하기 시작했다. 19세기 말에서 20세기 초에 걸쳐 영국에서는 모던 스타일, 프랑스에서는 아르누보Art Nouveau, 오스트리아에서는 클림트로 대표되는 분리주의 등, 여러 가지 명칭으로 불린 이 새로운 예술 양식은 순수미술뿐 아니라 응용미술

아르누보 양식의 인테리어(뉴욕 메트로폴리탄 뮤지엄)

(디자인)과 건축에도 적용됐기 때문에 오늘날에도 파리, 빈과 같은 유럽 도시에서 쉽게 볼 수 있다.

인공지능 분야에는 진화 알고리즘이란 게 있다. 인공지능의 궁극적 목표는 인간처럼 지능을 가진 프로그램을 만드는 것이다. 그런데 지능이 정확히 무엇인지 알아야 프로그램을 짤 것 아닌가. 지능이 과연 무엇인지 학자들이 50년 넘게 연구했으나 아직도 지능의 핵심을 밝히는 일은 요원한 실정이다. 조금 심하게 말하면, 소크라테스의 삼단논법—A는 사실이다. A이면 B다. 그러므로 B도 사실이다—에서 크게 발전하지 못하고 있다.

이런 상황에 대해 문제의식을 가진 어떤 학자들은 기발한 생각을 했다. 어차피 지능이란 게 뭔지 정확히 알지 못하는 상황에서 구태여 지능에 대해 이해하려고 고민하지 말자. 인간이라는 고등 생명체는 지구상에 미개 생명체가 생겨난 이래 수십억 년에 걸쳐 진화한 것이 아닌가. 그 진화의 주체는 자연이라고 다윈이 말했다. 그러니 그 진화 과정을 컴퓨터로 시뮬레이션하면 저절로 지능을 가진 프로그램이 탄생하지 않겠는가. 이런 생각으로 프로그램도 생명체의 하나라고 간주하고 아주 간단한 프로그램 진화의 법칙을 만들었다. 법칙은 매우 단순하다.

법칙 1 프로그램도 서로 결합해서 자식을 낳는다. 즉, 새로운 프로그램이 만들어진다.
법칙 2 그 과정에서 서로의 특징을 후손에게 전하며 번식하다가 가끔 돌연변이 자식이 나올 수도 있다.

법칙 3 이때 더 똑똑한 프로그램이 더 많은 자식 프로그램을 번식
하는 경향이 있다.

이런 진화의 법칙 아래 아주 단순하고 멍청한 프로그램 몇 개
를 씨앗 삼아서 진화를 시키자는 거다. 그러다 보면 언젠가는 스
마트한 프로그램이 탄생하지 않겠는가. 이런 걸 진화 알고리즘
이라고 한다. 아직 인간은커녕 원숭이 지능에도 미치지 못했으
나, 어떤 종류의 작업에는 진화 법칙을 이용한 이 방식이 매우 효
과적임이 밝혀졌다. 그중 하나가 자동으로 예술 작품을 만드는
소위 '진화예술Evolutionary Art'이라는 것이다. 무시무시하게 들리
지만, 겁먹을 것 없다. 원숭이 한 마리를 앉혀놓고 그 앞에 유아
들이 가지고 노는 단어 블록을 잔뜩 풀어놓는다. 원숭이는 블록
을 가지고 놀다가 우연히 의미가 있는 문장을 만든다. 바로 이때
바나나 한 개를 상으로 준다. 이걸 반복하다보면 언젠가는 원숭
이가 문학적인 시구를 만들어낼 날이 있을 것이다.

밀레니엄 뻐꾸기시계

그가 내 연구실을 찾은 건 1985년경이었다. 당시 하버드대학
에서 인공시각 연구를 하고 있던 나는 매사추세츠공과대학MIT을

갓 졸업한 칼 심즈Karl Sims가 사전 예약도 없이 내 연구실 문을 노크했을 때 사실 좀 짜증이 나고 당황스러웠으나, 그의 황당한 이야기에 금방 빠져들었다. 얼마 전 대니얼 힐리스Daniel Hillis라는 MIT 박사 졸업생이 프로세서 6만 4000개를 가진 컴퓨터를 개발했는데, 진화 법칙이 수십억 년에 걸쳐 이룩한 생명체를 이 컴퓨터로 단숨에 만드는 작업을 해보고 싶다는 거였다. 나 역시 '커넥션 머신Connection Machine'이라고 이름 붙인 새로운 병렬컴퓨터가 개발됐고 미국 국방성에서 꽤 많은 연구비를 투자하고 있다는 소식은 이미 들어 알고 있었다.

인간의 뇌에는 수십억 개의 뉴런이 있는 데 반해 컴퓨터에는 서너 개의 프로세서밖에 없다. 물론 뉴런 한 개는 컴퓨터 프로세서 한 개보다 성능이 뒤지지만, 어쨌든 현재와 같은 컴퓨터 구조로는 인간의 지적 능력에 도전하기에는 근본적인 한계가 있다. 그래서 학계 일부에서는 엄청나게 많은 프로세서를 가진 컴퓨터를 개발하는 것이 인공지능 연구의 나아갈 길이라고 주장하고 있었다.

칼 심즈, 〈갈라파고스〉

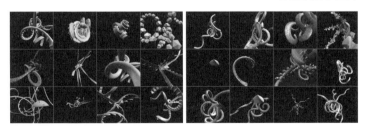

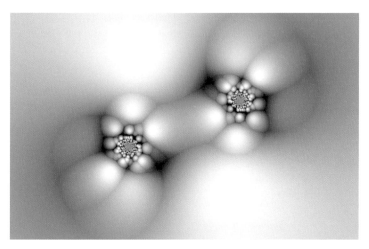

칼 심즈, 〈진화된 잡음〉

커넥션 머신은 너무 고가이기도 하려니와 세상에 단 한 대밖에 없기 때문에 과학적으로 중요한 작업에 활용되고 있었고, 심즈가 관심을 보인 그런 뜬구름 잡는 일에 차례가 올 가능성은 매우 낮아 보였다. 그러나 그는 그 후 커넥션 머신 개발 회사인 싱킹머신Thinking Machine에 입주 예술가로 들어가서 소원대로 실컷 커넥션 머신을 가지고 놀았고, 작품 활동을 하는 아티스트로서뿐 아니라 소프트웨어 개발자로서도 명성을 얻게 됐다.

진화예술이란 분야는 아직 예술의 주류로 자리 잡지 못했다. 어쩌면 영원히 주류에 편입되지 못할지도 모른다. 어쨌든 심즈의 작품은 여전히 건재하다. 반면 커넥션 머신을 개발했던 싱킹머신 회사는 역사에서 사라진 지 오래다. 커넥션 머신이라는 획기적인 컴퓨터를 설계하고 싱킹머신 회사를 창업했던 힐리스는

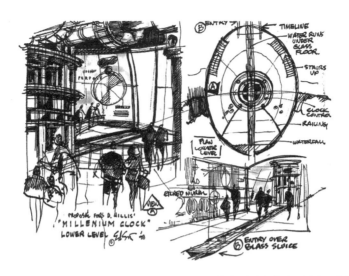

대니얼 힐리스의 일만 년 뻐꾸기시계 스케치

자신의 회사가 망한 뒤에도 여기저기를 옮겨 다니며 활발한 활
동을 하고 있다.

　몇 년 전, 그는 1년에 바늘이 한 번 움직이고, 1세기에 한 번
종이 울리며, 1000년에 한 번 뻐꾸기가 나오는 뻐꾸기시계를 설
계하기도 했다. 이 시계는 순전히 기계장치로 구성되며 앞으로
수백만 년 동안 인간의 개입 없이 작동되도록 대기의 온도 변화
를 이용해서 태엽을 감는다고 한다. 이쯤 되면 이 뻐꾸기시계는
과학이라기보다 예술이다.

히어로 에디슨과
안티 히어로 워홀

미래에는 모든 사람이 15분간은
세계적으로 유명해질 수 있을 것이다.

앤디 워홀 Andy Warhol

10

필라델피아를 정오에 떠난 기차
는 좀처럼 전진하지 못했다. 어떤 구간에서는 후진을 마다하지
않았다. 당초 저녁 10시에 도착 예정이었던 기차가 피츠버그에
도착한 시각은 자정을 훨씬 넘긴 오전 1시였다. 철강의 도시, 영
화 〈플래시 댄스〉의 도시 피츠버그에서 열리는 가상현실 학술대
회에 참석하기 위한 여행이었다. 평소 같았으면 당연히 비행기
를 이용했겠지만 이번 여행은 웬일인지 기차를 타고 싶었다. 뉴
욕에서 피츠버그까지 약 500킬로미터, 서울-부산보다 조금 먼
정도다. 항상 무언가에 쫓기는 마음으로 살다가 이번에는 마음
의 여유를 갖고, 비행기로 한 시간 거리를 열 시간 걸리는 기차를
이용해 가기로 했다.

그리고 보니 미국에서 10년 넘게 살면서 기차를 탄 적이 한
번도 없었다. 미국에서의 첫 번째 기차 여행은 이렇게 기대 반 후

회 반으로 끝났다. 썰렁한 기차 역사를 빠져나와 얼른 택시에 올랐다. 호텔 예약을 하지 않았던 게 후회가 됐다. 택시를 타고 아무 호텔이나 가서 동이 틀 때까지 눈을 붙였다. 아침에 창을 여니 바로 맞은편에 뮤지엄 하나가 보였다. 앤디 워홀 뮤지엄이었다.

팝아트의 대부

그렇다. 피츠버그는 앤디 워홀의 고향이다. 그는 이곳에서 자랐고 지금은 미국 최고의 명문으로 자리 잡은 카네기멜론대학에서 미술 공부를 했다. 그 후 뉴욕에 가서 광고 포스터도 그리고, 인테리어 디자인도 하고, 쇼윈도 디스플레이도 맡아서 하는 등 상업미술가로 꽤 성공을 거두었다. 그러다 그는 마음을 고쳐먹고 미술계로 뛰어들었다.

당시 미술계는 추상표현주의라고 해서 매우 심각하면서 약간은 우울하기도 한 스타일이 유행하고 있었다. 표현주의라는 게 뭔가? 이성적으로 세상을 바라보고 논리적으로 그림을 그리는 대신 자기 감정을 적나라하게 표출하는 것이다. 게다가 대상이 있는 것도 아니고 마음속에 있는 걸 토해내는 셈이니, 한마디로 이해하기 어려운 그림이다. 이 계열의 화가들은 고독한 늑대의 이미지로 살다가 잭슨 폴록처럼 자동차 사고로 죽거나 마크 로스코처럼 자살하는 것이 정석처럼 보였다.

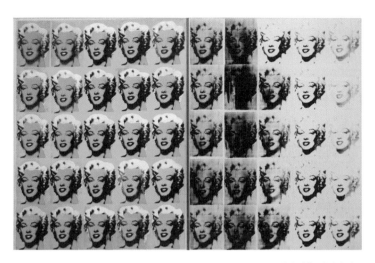

앤디 워홀, 마릴린 먼로

워홀은 이 분위기를 순식간에 반전시켰다. 순수예술도 즐겁고 가볍고 싸구려 티가 날 수 있다. 슈퍼맨, 배트맨, 코카콜라, 토마토 케첩, 유명 인사 등 대중문화와 공산품이 작품의 대상인 이런 예술을 팝아트라고 한다. 워홀이 팝아트를 처음 시작한 건 아니었지만 그로 인해 팝아트가 문자 그대로 파퓰러 아트가 됐다. 그는 처음에는 붓으로 그림을 그리다가 나중에는 실크스크린 기법을 이용해 대량생산하기 시작했다. 아예 작업 스튜디오를 공장Factory이라 부르기도 했다. 실제로 그는 앤디워홀주식회사Andy Warhol Enterprises의 CEO였다. 예술계의 곱지 않은 시선에 그는 이렇게 응수했다. "예술을 가볍게 볼 수는 있다. 그러나 누구도 예술 시장을 가볍게 볼 수는 없다."

롤링스톤스의 〈스티키 핑거스〉
앨범 재킷

　내 집에는 더 이상 가지고 있어봤자 쓸 수도 없는 물건들이
꽤 많다. Super 8 필름 촬영기와 영사기, 베타 비디오테이프, LP
레코드판, 카세트테이프…. 내가 여태까지 소비했던 대중문화의
역사적 샘플들이다. 혹시 빽판이라고 들어봤나? 우리나라가 지
금처럼 잘살지 못했던 시절, 청계천 뒷골목에서는 LP 원판을 들
여다 불법 복제해서 판매했다. 한 장에 단돈 150원. 서양 대중문
화를 가장 값싸게 접할 수 있는 방법이었다. 나는 이런 빽판을
500장 가까이 모았으나 유학을 가게 되어 어쩔 수 없이 거의 다
버렸고, 아내의 눈총을 받아가면서 추려낸 50장 정도만 아직도
보관하고 있다.

　그중 가장 아끼는 것이 롤링스톤스의 〈스티키 핑거스〉라는
앨범이다. 앨범에 수록된 곡 자체는 내 취향이 아니었지만 재킷
디자인이 압권이었다. 앞면 가득히 청바지가 그려져 있는데, 지
퍼도 내릴 수 있었다. 지퍼를 내리면 뭐가 보일까? 상상에 맡긴

다. 바로 이 앨범 재킷을 디자인한 사람이 워홀임을 훨씬 나중에 서야 알게 됐다.

전기의자의 비밀

워홀의 작품 중에 눈길을 끄는 작품이 하나 있다. 사형 집행 용 전기의자다. 전기의자의 원리는 비교적 간단하다. 인체에 고 압 전기를 흘려서 심장을 멈추게 하는 것이다. 전기의자는 발명 가 토머스 에디슨의 작품이다. 당시 미국에서는 일반 가정에 전 기를 공급하는 데 직류가 좋으냐, 교류가 좋으냐를 두고 전운이 감돌고 있었다. 에디슨은 직류, 상대편 회사는 교류를 밀었다.

사실 가정에서는 직류가 더 유용하다. 우리 주위의 가전제품 이나 컴퓨터, 스마트폰 등 거의 모든 전자제품이 직류로 작동한 다. 그럼에도 불구하고 전 세계 모든 가정에는 교류가 들어오다 보니 전자기기마다 교류를 직류로 변환하는 어댑터를 사용해야 했다. 직류 전송을 하지 않는 데는 이유가 있었다. 그것은 직류 전송 방식에 치명적인 단점이 있기 때문이다. 먼 거리를 전송하 다보면 에너지 대부분이 중간에서 없어진다는 점이다. 전력 공 급은 에디슨의 회사 제너럴일렉트릭이 먼저 시작했지만 교류 방 식을 택한 라이벌 회사 웨스팅하우스Westinghouse가 시장을 점점 잠식해 나가고 있던 차였다. 위기를 느낀 에디슨은 직류의 단점

앤디 워홀의 실크스크린 작품 〈전기의자〉

을 감추기 위해 교류의 단점을 부각하기로 했다. 교류가 매우 위험한 방식임을 보여주기 위해 교류로 작동하는 사형 집행용 전기의자를 개발해서 시연한 것이다.

세계 최초로 전기의자 사형이 집행된 1890년 8월 6일, 비극은 시작됐다. 많은 사람이 지켜보는 가운데 사형 집행인은 전기 스위치를 눌렀다. 사형수는 고개를 떨어뜨렸다. 그런데 몇 초 후 사형수가 움직이기 시작했다. 누군가가 외쳤다. "빨리 다시 스위치를 눌러요!" 그런데 고압 전기를 충전하기 위해서는 얼마간의 시간이 필요했다. 사형수는 고통에 몸부림쳤다. 몇 분 후 두 번째 시도가 이루어졌다. 사형수의 옷에 불이 붙고 몸에서 연기가 피어올랐다. 놀란 사람들은 방 밖으로 뛰쳐나갔다. 구토를 하는 사람, 기절을 하는 사람도 있었다. 이 사형수가 완전히 숨을 거두는 데는 몇 분이 더 소요됐다. 당초 에디슨은 수백분의 1초 이내에 사형수가 사망할 것으로 예상했다.

그 후 에디슨은 발명가답게 전기 사형 기술을 더욱 완벽하게 발전시켰다. 이 과정에서 많은 강아지, 송아지, 망아지가 희생됐다. 그중 하이라이트는 코끼리 실험이었다. 수천 명이 관람하는 가운데 '톱시'라는 이름의 서커스 코끼리가 6000볼트의 전기를 맞고 순식간에 쓰러졌다. 이 사건으로 에디슨은 교류가, 실은 전기가 매우 위험할 수도 있다는 것을 대중에게 각인시키는 데 성공했다. 그러나 에디슨의 집요한 공작과 전천후 로비에도 불구하고 전기 송전 시스템은 교류의 승리로 끝났다. 에디슨은 전기 의자를 총 다섯 개 제작했던 걸로 알려져 있다. 그중 하나는 아프리카 어느 작은 나라의 국왕이 왕좌로 구입해 갔다는 소문이 있으나 확인할 길은 없다.

워홀은 에디슨의 사형 집행 의자를 작품화했다. 왜 그랬을까? 비인간적인 사형 제도를 이슈화하기 위해서였을까? 에디슨의 끔찍한 실험을 비판하려고 했을까? 다른 예술가 같았으면 그랬을 수도 있다. 그러나 워홀은 아니다. 그는 이 비극적인 사건을 매스컴에서 다룬 행태에 관심이 있었던 것 같다. 비슷한 시기에 자동차 사건을 작품화한 사례도 유사했다. 그는 사건 자체보다 사건을 매스컴에서 어떻게 다루었는가에 더 관심을 가졌다. 그는 매스컴의 위력을 잘 알았고, 매스컴을 활용했고, 매스컴을 작품화했다.

자신의 발명이 더 우월함을 증명하기 위해 전기의자까지 개발했던 에디슨. 과연 그는 어떤 사람이었을까? 전구, 축음기, 촬영기 등을 발명한 과학자, 흔히 발명왕으로 알려져 있는 그를 재조명해보자.

먼저 축음기가 생각난다. 1분에 33회전을 하는 턴테이블 위에 음반을 걸고 바늘이 달린 축음기 헤드를 올려놓으면 바늘이 음반 위에 새겨진 홈을 따라 돌면서 소리가 나는 원리다. 그런데 에디슨이 발명한 축음기는 음반이 아니라 원통 모양이었다. 축음기 바늘이 회전하는 원통 표면에 새겨진 홈을 스캔하는 방식이다. 만일 에디슨이 발명한 축음기가 표준으로 정착됐다면 현재 레코드판 소장가의 집에는 음반이 아니라 음통이 와인 진열하듯이 진열되어 있을 것이다.

그의 축음기는 음악 재생만이 아니라 녹음까지 가능한 기계였다. 그러나 그의 축음기는 원반 형태를 채택한 라이벌 회사의 축음기에 밀려서 결국 도태되고 말았다. 왜 그랬을까? 기술적인 측면에서는 에디슨의 축음기가 더 우월했다. 그런데 기능이 늘어나면 기계가 복잡해지게 마련이다. 복잡해지면 사용하기가 어려워진다. 일반 대중은 기능이 다소 부족하더라도 간단히 조작할 수 있는 기계를 원했다. 게다가 녹음 기능이 들어가니 가격도 비쌀 수밖에 없었다.

결정적으로 에디슨이 패배한 것은 다른 이유 때문이었다. 축

토머스 에디슨의 축음기 광고

음기 가지고 뭘 하나? 당연히 음악을 듣는다. 음악을 들으려면 음반(혹은 음통)을 구입해야 한다. 혹시 옛날 축음기에서 나오는 음악을 들어본 경험이 있는가? 거칠고 째지는 소리가 난다. 그런 음질로는 제대로 된 음악 감상은커녕 누구 목소리인지조차 구분하기 어렵다.

엔지니어인 에디슨은 그렇고 그런 아티스트를 고용해 음반을 제작 판매했다. 성능 대비 비용을 최적화시킨 것이다. 반면 라이벌 회사는 최고 스타 가수와 음악가를 동원했다. 결과는 어떻게 됐을까? 일반 대중은 무슨 노래를 얼마나 잘 불렀는가보다는 누가 불렀는가에 더 반응했다. 음반 산업은 그렇게 시작됐다. 최초 발명자인 에디슨을 제외하고 말이다.

그들은 왜 할리우드로 갔나

영화 촬영기와 영사기도 그의 발명품 목록을 장식한다. 에디슨은 한때 미국 영화계를 꽉 잡고 있었다. 그의 촬영기를 사용해 영화를 찍으면 반드시 그의 영사기를 사용해야 했다. 그런데 그의 영사기는 일반 판매용이 아니었다. 그가 운영하는 극장에만 영사기가 설치되어 있었다. 그러니까 영화 제작, 배급, 상영에 이르는 영화 산업 사슬 전체를 장악한 것이다.

한 무리의 젊은 영화인들이 반기를 들었다. 그들은 자신들의 영화를 에디슨이 운영하는 영화관이 아닌 제3의 장소에서 상영했다. 법적으로는 불법이었다. 왜 에디슨이 특허를 1000건 넘게 갖고 있었는지 이해가 될 것이다. 그의 특허에서 빠져나가는 것은 사실상 불가능했다. 이 영화인들은 에디슨 측 변호사들을 피해 결국 미국 대륙 반대편까지 쫓겨 갔다. 그리고 여차하면 국경을 넘어 미국 공권력이 미치지 않는 멕시코로 도망갈 수 있는 곳, 바로 할리우드에 자리 잡게 됐다. 에디슨은 이렇게 할리우드 영화 산업의 일등 공신이 됐다.

흔히 에디슨을 '20세기를 발명한 사람'이라 한다. 전력 산업, 가전 산업, 음반 산업 그리고 영화 산업이 그의 머리에서 시작됐다. 또한 그를 '가장 미국적인 사업가'라고도 한다. 오늘날 마이크로소프트의 빌 게이츠, 애플의 스티브 잡스, 페이스북의 마크 저커버그가 그의 뒤를 잇고 있다. 그들 모두 에디슨의 유산이다.

워홀 역시 '가장 미국적인 예술가'로 불릴 만하다. 소수의 전유물이었던 순수예술을 대중의 눈높이로 낮췄다. 미국의 위대한 발명품 중 하나인 헨리 포드의 자동화 시스템을 예술에 도입했다. 그의 영역은 회화에 머물지 않고 영화, 비디오, 대중음악 그리고 (역시 가장 미국적인) 파티 문화로까지 확장됐다. 그는 그의 일상생활을 예술화했다. 그리고 그걸 상업화했다.

언젠가 그는 지나가는 말로 이렇게 말했다. "미래에는 모든 사람이 15분간은 세계적으로 유명해질 수 있을 것이다." 무심코 한 말일 수 있겠으나, 현시대 디지털 문화의 핵심을 간파한 셈이다. 디지털 기술로 말미암아 세계는 그 어느 때보다 좁아지고 민주화됐다. 권력이 정보에서 나온다고 하면 이제는 소수의 엘리트가 정보를 독점하는 시대는 지나갔다. 일반 대중도 얼마든지 정보를 공유함은 물론 정보를 생산하는 위치에 오르게 됐다. 블로그, 유튜브, 트위터, 페이스북 등 소셜미디어는 새로운 영웅을 만들어내고 있고, 이들의 파워는 세계 여러 곳의 독재 정권을 무너뜨리고, 개인의 자유를 신장하고, 빈부의 격차를 좁히는 데 기여하고 있다. 토머스 에디슨을 '20세기를 발명한 사람'이라고 한다면 앤디 워홀은 '21세기를 예언한 사람'이라고 불러도 무방할 것이다.

미래주의,
미래의 시작

어떤 사람들은 이미 늙은 상태로 태어난다.
그들에게 적합한 단어는 딱 하나다. 끝 The End

프란체스코 프라델리 Francesco Pradelli

11

내 아내는 어렸을 때 장인의 근무지를 따라 시골 마을에서 방학을 보내곤 했다. 아내는 기회 있을 때마다 한여름 시냇가에서 물고기 잡던 이야기, 한겨울 폭설로 외부와 차단된 초가집에서 고구마 구워 먹던 이야기를 한다. 나는 정반대로 아버지가 서울에서 근무하신 까닭에 어린 시절 시골에서 살기는커녕 단 한 번도 서울을 벗어나본 적이 없다. 요즘도 가끔 시골 마을에 가게 되면 아내는 불평을 한다. 요즘 시골 마을은 시골이 아니라고. 진짜 시골을 맛볼 수 없다고. 사실 말이 시골이지 웬만한 곳에는 서울에 있는 것이 거의 다 있다.

내 아내의 불평 아닌 불평을 100년 전인 20세기 초의 유럽인들도 했다. 그들은 세상이 산업화되는 시대에 이탈리아만은 고대 이탈리아로 남길 바랐다. 영국인이나 프랑스인은 순수한 옛것을 찾아 이탈리아로 여행을 떠나곤 했다. 우리나라 시골 주민들이 도시 여행객을 위해 비문명화된 채로 남아 있을 수 없는 것과 마찬가지로 100년 전 이탈리아 사람들도 유럽 선진국의 여행객들을 위해 비산업화된 채로 남아 있을 수는 없었다. 그들도 유럽 선진국들을 따라잡아야 했다. 그것도 단시일 내에. 그러자니 유구한 전통을 자랑하는 고대 로마 제국과 르네상스의 전통이 부담스럽다 못해 타도의 대상이 되어버렸다. 마치 예전에 우리가 초가집, 옛 성터, 한복, 대가족제에서 벗어나고 싶어 했던 것처럼 말이다.

1909년 어느 날, 20대 젊은 시인과 예술가 몇 명이 '미래주의 선언문'을 발표했다. 자신들의 철학과 비전을 세상에 알리기 위한 목적도 있었으나, 다분히 과거를 부정하고 기성세대를 비판하기 위해 작성된 이 선언문은 과학기술이 시간과 공간의 개념을 바꾸고 우리가 세상을 보는 세계관을 근본적으로 전환했으며, 새로운 시대에는 새로운 유형의 예술이 필요하다고 주장했다.

그들이 말하는 '새로운 예술'은 무엇일까? 19세기에서 20세기로 넘어가던 그 시대에는 사람들이 과학적 발견과 기술적 진보를 지금보다 훨씬 더 피부로 느꼈다. 과학 분야에서는 X선 발견, 양자역학, 열역학 등 이 세상을 설명하는 새로운 이론들이 쏟아졌고 기술 분야에서는 자동차, 비행기, 대량살상 무기, 철근 빌딩 등이 탄생했다. 이런 상황에서 미래주의자들이 과학과 첨단 기술에서 그들의 새로움을 찾은 것은 어쩌면 당연한 일이라고 할 수 있다.

새로운 예술을 찾아서

이 미래주의자들의 리더는 필리포 마리네티 _Filippo Marinetti_ 라는 젊은 문필가였다. 그는 자신과 뜻을 함께하거나 영문도 모른 채 끌려들어온 예술가 몇 사람을 규합해서 소위 '미래주의 선언문' 을 채택하고 선진국인 프랑스의 가장 권위 있는 신문 〈르 피가로 _Le Figaro_〉에 이 선언문을 실었다. 11개 항으로 이루어진 선언문을 그대로 직역하면 조금 어렵기도 하고 현시대 감각에도 맞지 않 으니, 핵심 내용이 변질되지 않는 범위 내에서 재해석하고 축약 해 살펴보기로 하자.

미래주의 선언문

- 위험 자체에 대한 사랑을 노래하자. 에너지를 노래하자.
- 용기, 대담성 그리고 혁명은 예술의 핵심 요소다.
- 여태까지 예술은 주로 고상하고 정적인 것을 다뤘다. 우리는 흥 분, 움직임, 도약, 폭력 등 역동적인 것들을 다룰 것이다.
- 스피드라는 새로운 아름다움이 세상을 더욱 멋있게 만든다.
- 자동차 운전대를 잡은 사람을 찬미하자.
- 예술가의 본질은 열정이다.
- 투쟁은 아름답다. 예술은 폭력이다.
- 새로운 세기에 들어선 이 시점에서 뒤를 돌아보는 것은 의미 없 다. 시간과 공간은 죽었다. 우리는 영원하다.

- 전쟁은 세상을 소독한다. 우리는 군국주의, 아름다운 이념 그리고 여성 비하를 찬양한다.
- 박물관, 도서관 그리고 학교를 파괴하자. 도덕주의, 페미니즘, 기회주의, 실용주의와 맞서 싸우자.
- 우리는 대중의 노동과 쾌락 그리고 혁명의 물결을 노래할 것이다.

문제는 선언문 채택 이후였다. 과연 미래주의 예술은 어떤 것인가? 이전에 등장한 낭만주의, 자연주의, 인상주의 그리고 입체주의는 나름대로 고유한 예술적 스타일을 갖고 있다. 그렇다면 미래주의 스타일은 무엇인가? 그 대답은 마리네티가 아니라 동료 화가들인 카를로 카라Carlo Carra, 움베르토 보초니Umberto Boccioni, 루이지 루솔로Luigi Russolo로부터 나왔다.

먼저 카라의 그림을 보자. 언뜻 보면 여러 사람이 일렬로 행진하는 것처럼 보이지만 사실은 한 사람이 뛰어가는 것이다. 움직임에 기인한 시공간의 변화를 묘사하고 있다. 스타일상으로는 쇠라의 점묘법을 차용한 것처럼 보이기도 하고, 피카소의 입체주의를 닮은 것도 같다. 다음은 보초니의 그림이다. 열어젖힌 창문을 통해 들어오는 역동적인 광경에 도시 소음까지 느껴질 듯하다. 이 그림의 기법 역시 점묘법과 공간을 분할한 입체주의를 섞은 것 같다. 중요한 점은 2차원 캔버스에 3차원 공간만이 아니라 시간의 흐름도 함께 표현했다는 것이다.

미래주의 작품 중 가장 유명한 것은 보초니의 조각 〈공간에

카를로 카라, 〈발코니를 뛰는 소녀〉

움베르토 보초니,
〈집안으로 들어온 거리 풍경〉

움베르토 보초니,
〈공간에서 연결된 특정 형태〉

서 연결된 특정 형태)일 것이다. 요즘에야 온갖 형태의 조각을 접하기 때문에 이 정도가 뭐 그리 대단하냐 싶겠지만, 인간의 형상이 아니라 인간의 움직임을 조각으로 표현한 것은 당시로서는 획기적인 발상이었다. 이 작품은 워낙 유명해 꽤 많은 세계적 미술관들이 이 작품을 소장하고 있으며 나도 조그만 모조품을 갖고 있다.

그들은 미래주의 선언문을 내놓은 그 이듬해에 미래주의 미술 선언문을 발표했다. 그리고 일 년 후에는 미래주의 조각 선언문을 만들어냈다. 마리네티는 고민에 고민을 거듭했다. 일반 대중의 관심을 끌고 자신들의 주장을 관철시키는 데는 시각예술만큼 효과적인 것이 없다. 그러나 그걸론 부족했다. 어떤 때는 새로운 예술인을 영입해서 그들과 함께 선언문을 만들기도 했고, 또 어떤 때는 단독으로 새로운 선언문을 공포하기도 했다. 미래주의 문학, 미래주의 음악, 미래주의 의상, 미래주의 공연예술, 미래주의 건축, 미래주의 패션, 심지어는 미래주의 식단도 나왔다. 마리네티에게는 선언문 작성이 가장 중요한 예술 행위였음이 분명하다.

조금은 황당하지만, 마리네티가 단독으로 작성한 '미래주의 레시피Futurist Cookbook'에서 몇 구절을 소개하면 다음과 같다.

- 파스타는 사람을 비관적으로 만들고 열정을 감소시킨다. 게다가 밀가루는 수입을 해야 하는 실정이다. 국가를 위해서라도 파

스타를 자제하고 쌀을 소비하자.

- 애피타이저는 조각 작품으로 만들어 제공하는 것이 가장 좋다.
- 애피타이저를 먹을 때 포크나 나이프를 사용하지 말고 손가락 만 사용하라. 예술 작품을 제대로 체험하기 위해서는 촉각이 매 우 중요하다.
- 미각을 돋우기 위해 적절한 향수를 사용해서 후각을 자극하라.
- 음악은 코스 요리가 바뀔 때만 틀어라.
- 식사 중에 정치에 관한 대화는 삼가라.
- 완벽한 식사는 창의적인 요리와 어울리는 테이블 세팅의 조화 로 이루어진다.

이와 같은 일반적인 내용과 더불어, 미래주의 식단에는 자동 차 베어링을 넣고 굽는 로스트 치킨, 장미 가시를 섞은 리조토 등 구체적인 요리 레시피도 수록되어 있다. 그리고 주방에 자외선 램프, 전자파 분해기, 원심분리기, 화학 원소 분석기 등 첨단 실 험 도구를 갖출 것을 권유하고 있다. 마리네티는 미래주의 식단 을 '인류 최초의 인간적인 식사법'으로 소개하면서, 아메리카 대 륙 발견이나 프랑스대혁명에 견줄 만한 업적으로 자화자찬하고 있다.

미래주의를 주도한 마리네티는 매우 적극적이고 다혈질인 사람이었다. 그는 무면허 운전 중에 자전거를 피하려다 자동차 가 전복되는 사고를 당하는 순간, 마치 전기 자극을 받은 것처럼 에너지가 솟구쳐 오른 상태에서 미래주의의 아이디어가 떠올랐다고 한다. 자신의 희곡을 조롱한 비평가와 펜싱으로 결투를 하기도 했고, 미래주의를 폄하한 예술가를 찾아가 주먹다짐을 벌이기도 했다. 또한 전 유럽을 돌면서 전위 퍼포먼스를 벌이며 미래주의를 전파했다. 막내딸의 회고록에 의하면 마리네티는 거의 대부분의 시간을 여행하느라 보냈기 때문에 오랜만에 집에 들어올 때는 옷에서 항상 기차 냄새가 났다고 한다.

이데올로기로서의 예술

여타 다른 예술 사조들과 달리 미래주의는 비교적 수명이 길었다. 1차대전이 발발하고 미래주의자들 중 가장 재능이 많던 보초니가 전사했다. 이때까지가 미래주의의 황금기였을 것이다. 물론 1차대전 후에도 마리네티는 새로운 예술가들을 영입하면서 활발히 활동했다. 그는 한때 무솔리니의 파시즘에 영합해서 미래주의를 이탈리아 국가 공인 예술로 지정해달라고 로비를 했지만 실패했다. 불행인지 다행인지 무솔리니는 예술에 별로 관심이 없었다. 무신론자였던 마리네티는 교황청에도 손을 뻗쳤다. 미래주의를 가톨릭의 공식 종교 예술로 인정받기 위해서였다. 미래주의의 확산을 위해서는 악마와도 손잡았을 그였다. 그는 1944년 2차대전이 거의 끝나갈 무렵 세상을 떠났다. 그와 함께 미래주의도 간판을 내렸다.

사실 미래주의 선언문 어디에도 미래에 대한 언급은 없다. 그들에게 '미래'라는 단어는 '과거와 현재로부터의 탈피'가 아니었을까 한다. 그럼에도 불구하고 그들의 예술 세계는 그야말로 미래적이었다. 관람객과의 직접적인 상호작용을 중요시하는 미래주의 공연, 소음을 음악의 주된 요소로 끌어들인 미래주의 음악, 인쇄된 활자에 무게감, 사운드 그리고 움직임을 추가하려고 했던 미래주의 문학 등은 100년 후 디지털 시대에 들어 멀티미디어, 하이퍼텍스트, 하이퍼미디어라는 형태로 본격적으로 시도되고 있다. 이제는 우리에게 너무나 익숙한 이모티콘도 따지고 보면 미래주의 텍스트에서 그 기원을 찾을 수 있다. 특히 미래주의 건축의 유산은 현재까지 계속되고 있다. 그들은 왜 그 당시 기술로는 지을 수도 없는 건물과 도시를 제시했을까? 〈아키라〉, 〈블레이드 러너〉 등 오늘날 SF 영화에 묘사되는 미래의 빌딩이나 도시 환경은 미래주의에 크게 빚지고 있다.

미래주의는 단순히 예술 활동에 그친 것이 아니라 의식주를 포함해서 정치, 교육 등 사회 전반에 새로운 가치관에 기반한 삶의 방식을 펼쳐보자는 생활철학이었다고 볼 수 있다. 말하자면 특정 예술 스타일이라기보다 이데올로기였다. 이제 예술은 미래를 이야기하기 시작했다. 그리고 사회 변화에 앞장설 것을 표방했다. 예술가는 더 이상 그림 그리는 사람으로 머물지 않게 됐다. 오늘날 우리가 알고 있는 예술이 탄생한 것이다. 우리는 이걸 모

미래주의 텍스트. 글자 크기, 모양 배열
등에 따라 목소리 크기, 높낮이 등을
바꾸면서 낭독한다.

안토니오 산텔리아, 미래주의 건축

더니즘이라고 한다.

　미래주의 이후 한동안 선언문이 유행했다. 즉, 그림 스타일보
다는 이론이 중요해진 것이다. 그러다 보니 직접 작품을 창작하
는 예술가보다 그 작품의 이론적 토대를 다져주는 이론가가 더
중요해지기 시작했다. 다다이즘을 주도한 트리스탄 차라Tristan
Tzara, 초현실주의를 주도한 기욤 아폴리네르Guillaume Apollinaire 등
이 그들이다.

　마리네티가 미래주의 선언문을 발표한 지 100여 년이 흘렀
다. 만일 그가 환생해서 오늘날 디지털 시대를 마주 한다면 무슨
이야기를 하고 싶을까? 20세기 초에 자신이 발표했던 것보다 더
욱 급진적이고 과격한 선언문을 페이스북이나 유튜브를 통해 낭
독할 수도 있다. 아니면 정반대로 당초의 미래주의 선언문은 더

이상 효력이 없다고 선언하고 다음과 같은 반反미래주의 선언문을 제시할지도 모른다. 내 공상에 불과할지 모르지만.

반미래주의 선언문

- 미래주의 선언문이 20세기 예술에 지대한 영향을 미치긴 했으나 이제 그 효력이 다했다.
- 지엽적이고 맹목적인 사랑은 위험하다. 우리는 사랑의 위험을 노래할 것이다.
- 지식, 감성 그리고 공존은 예술의 핵심 요소다.
- 지금까지 매스미디어는 너무 피상적이고 말초적인 것을 다뤘다. 우리는 자유, 평등, 창의성 등 인간 고유 가치를 다룰 것이다.
- 복잡성이라는 새로운 아름다움이 세상을 더욱 멋지게 만든다.
- 키보드와 마우스를 잡은 사람을 찬미하자.
- 예술가의 핵심이 열정인 것은 변함없다.
- 타협은 아름답다. 예술은 평화다.
- 새로운 밀레니엄을 대면한 이 시점에서 과거를 성찰하자. 시간과 공간은 영원하다. 우리는 순간에 불과하다.
- 전쟁은 세상을 파괴한다. 우리는 민주주의, 아름다운 이념 그리고 남녀평등을 찬양한다.
- 박물관, 도서관은 영원할 것이다. 그리고 인터넷을 축복한다. 도덕주의, 페미니즘, 기회주의, 실용주의 등 다양성을 인정하자.
- 우리는 근로, 상생, 화합의 물결을 노래할 것이다.

인간과 기계의 만남, 테크놀로지 아트

엔지니어와 아티스트는 완전히 다른 부류의 사람들이다.
그러나 그들이 공동 작업을 할 때
그들도 기대하지 않았던 결과가 나올 수 있다.

빌리 클뤼버Billy Kluever

12

앞서 8장에서 소셜 네트워크에 대해 설명하면서 스탠리 밀그램에 의해 검증된 소위 6단계 연결고리를 소개했다. 간단히 말하면 세상은 생각보다 서로 가깝게 연결되어 있다는 것이다. 그렇다 해도 만일 내가 브라질에 사는 어떤 사람과 연결되려면 그리 간단치 않다. 일단 브라질에 대해 잘 알고 있는 사람을 찾아야 한다. 1930년대 제이콥 모레노Jacob Moreno의 연구는 세계 최초의 소셜 네트워크 연구로 알려져 있다. 그는 성격이 다른 두 그룹 간에 어떤 연결망이 있는지 궁금했다. 그래서 뉴욕 시의 어느 초등학교 학급을 고른 다음 학생들에게 가장 가까운 친구를 적어 내라고 했더니 재미있는 결과가 나왔다.

다음 그림에서 보듯이 남학생은 남학생들끼리, 여학생은 여학생들끼리 친구망을 이루고 있었다. 그리고 남학생 한 명과 여학생 한 명이 다른 남학생들과 여학생들을 연결해주는 역할을 하고 있는 것을 발견했다. 한 남학생이 어떤 여학생에게 마음이 있다고 하자. 생뚱맞게 들이대는 방법도 있으나 좀 더 자연스럽게 다가가려면 여학생과 친분이 있는 남학생에게 먼저 부탁하는 것이 좋다.

이와 유사한 상황은 여기저기서 나타난다. 흔히 가까운 친척 중에 의사 한 명은 있어야 한다고 말한다. 이 의사 친척을 통해 거대한 의사 집단과 2~3단계를 거쳐 연결될 수 있으니 말이다. 물론 현실에서는 이런 개인적 청탁이 별 소용없다. 이런 청탁을 통해 특별한 관심을 기대하고 병원에 오는 환자가 너무 많기 때문이다.

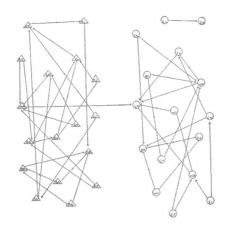

제이콥 모레노의 사회 연결망. 그림에서 삼각형은 남학생, 원은 여학생을 나타낸다.
학생들끼리 서로 가장 친한 관계를 이룰 경우 두 학생을 직선으로 연결했다.

자연스럽게 두 집단을 연결해주는 네트워크도 있으나 그렇지 못할 경우에는 인위적으로 네트워크를 만들어 두 집단 간의 커뮤니케이션을 원활하게 할 수도 있다. 매도자와 매수자를 연결해주는 부동산 중개소, 결혼 적령기 남자와 여자를 소개하는 결혼 정보 회사, 사업자와 근로자를 연결하는 직업소개소 같은 곳이 대표적인 예다.

예술과 기술의 컬래버레이션

빌리 클뤼버는 1927년 모나코에서 태어났다. 스웨덴에서 전자공학을 공부하고 프랑스로 가서 에펠탑 꼭대기에 무선 송수신기를 설치하거나, 유명한 해양 탐험가 자크 코스토Jacques Cousteau를 도와 수중 텔레비전을 만드는 등 허드렛일을 하다가 미국으로 이민을 떠나 버클리대학에서 박사학위를 받았다. 그리고 대망의 벨연구소에 들어갔다. 벨연구소가 어떤 곳인가? 노벨상 수상자를 무려 일곱 명이나 배출한 곳이다. 어렸을 때부터 예술, 특히 사진과 필름에 관심을 가졌던 그는 벨연구소에 입사한 후 낮에는 연구를 하고 밤에는 예술가들과 어울려 다녔다.

어느 날 그는 스위스 출신의 조각가 장 팅겔리Jean Tinguely를 만나게 됐다. 움직이는 조각, 키네틱 아트Kinetic Art의 선구자로 세상에 알려지기 시작한 팅겔리는 마침 뉴욕현대미술관이 새로 단장한 정원에 설치할 조각 작품을 만들고 있었다. 팅겔리는 과학자인 클뤼버에게 한 가지 도움을 요청했다. 한껏 기대에 부풀어 있던 클뤼버에게 팅겔리가 부탁한 것은 바로 뉴욕 쓰레기장을 돌며 폐기된 자전거를 모아달라는 것이었다. 왜 하필 클뤼버였을까? 팅겔리 주변에서 그가 유일하게 자동차를 소유한 사람이었기 때문이다. 클뤼버는 이런 허드렛일을 마다하지 않고 자신의 자동차로 뉴욕 뒷골목을 누비고 다니면서 버려진 자전거들을 모았다. 팅겔리는 클뤼버가 가져다준 폐기물로 멋진 조각품을 만들었다.

그게 끝이 아니었다. 〈오마주 투 뉴욕〉, 즉 '뉴욕에 바친다'는

장 팅겔리, 〈오마주 투 뉴욕〉

제목의 이 조각 작품은 완성된 후 곧바로 파괴되도록 예정되어 있었다. 팅겔리는 스스로 파괴되는 이 작품을 뉴욕의 운명에 비유한 것이었다. 마치 영화 〈배트맨〉에서 조커 같은 악당이 타락한 고담 시를 파괴하려고 했던 것처럼 말이다. 클뤼버의 도움으로 이 작품은 뉴욕 밤하늘을 붉게 물들이며 장렬히 사라져갔다. 1960년에 일어난 해프닝이다.

이 '방화' 사건은 그다음 날 아침 〈뉴욕타임스The New York Times〉에 크게 보도됐다. 클뤼버는 연구소에 출근하자마자 팀장의 호출을 받았다. 클뤼버는 물론 동료들도 오늘이 클뤼버가 벨 연구소에서 일하는 마지막 날이 될 거라고 직감했다. 팀장은 불만 섞인 표정으로 클뤼버에게 말했다. "이봐, 그런 일이 있는데 왜 진작 나에게 알리지 않은 거야? 나도 당연히 참여해야 하지 않겠어?" 이후 스탠퍼드대학 음악연구소 교수가 된 클뤼버의 팀장 존 피어스John Pierce는 그 당시를 회상하며 이렇게 말했다. "그 친구의 에너지가 워낙 엄청나서, 하던 일을 멈추게 하는 것은 모두에게 도움이 되지 않을 거라고 판단했습니다." 이 사건은 세계 최고 연구소가 발 벗고 나서서 예술가들과의 공동 작업을 추진하는 계기가 됐다. 한 걸음 더 나아가 유명 연구소들이 예술가들과 협업을 하거나 아예 예술가들을 일정 기간 연구소에 초대해서 그들이 마음껏 창작 활동을 하도록 지원하는 입주 예술가 제도Artist-in-residence가 유행하는 계기도 됐다.

언젠가 클뤼버가 작품 제작 도중 LED와 관련해 세계 최고의 기술력을 보유한 회사인 삼성전자에 도움을 요청한 적이 있었다. 클뤼버는 당시를 이렇게 회상했다. "글쎄, 터무니없이 세일즈부서와 연결시키더라구요. 세일즈 부서에서는 내가 이야기하는 그런 제품은 판매하지 않는다고 하구요. 내가 원한 건 제품이 아니었는데 말이죠." 장사치 눈에는 장사밖에 보이지 않는 법이다. 이제 우리 기업들도 장사가 아니라 사업을 할 때가 됐다. 사업은 단순히 물건을 파는 것만은 아니다.

위대한 예술은 위대한 기계에

뉴욕현대미술관의 방화 사건 이후 클뤼버는 또 다른 유명 미술가 로버트 라우센버그Robert Rauschenberg와 평생에 걸친 파트너십을 시작한다. 1966년 유서 깊은 뉴욕 아모리에서 열린 '나인이브닝스Nine Evenings'는 글자 그대로 9일간 계속된 아트 퍼포먼스로, 아티스트 10명과 엔지니어 30명이 참여했고 무려 1만 명이상의 관객을 동원하는 대성황을 이루었다. 이들은 곧바로 예술가와 과학자를 연결해주는 E.A.T. Experiment in Art & Technology를 결성했다.

'예술과 테크놀로지의 실험'을 뜻하는 E.A.T.는 기본적으로 테크놀로지를 필요로 하는 예술가와 테크놀로지를 보유하고 있는 과학자를 일대일로 연결해주는 소셜 네트워크였다. 전성기에는 예술가 2000명, 과학자 4000명이 소속되어 미국과 캐나다 전역에 28개, 유럽에 4개, 남미에 1개의 지부를 운영하는 거대한 네트워크를 형성했다. 클뤼버는 1968년 벨연구소를 퇴직하고 E.A.T. 활동에 전념했다.

클뤼버는 뛰어난 과학자였지만 과학자로는 매우 독특한 이력을 쌓아갔다. 시대를 풍미하던 예술계의 슈퍼스타들인 로버트 라우센버그, 재스퍼 존스Jasper Johns, 존 케이지John Cage, 머스 커닝햄Merce Cunningham 그리고 앤디 워홀 등과 친분을 유지하면서 함께 일을 했다. 나도 우연한 기회에 독일 프랑크푸르트에서 워홀이 클뤼버의 도움을 받아 제작한 공중 부양 작품을 본 적이 있다. 당초 이 작품은 방 안에 구름을 만들어보자는 워홀의 아이디어에서 시작됐다. 클뤼버는 이론적으로는 가능하나 현재 기술로는 불가능하다고 대답했다. 그리고 열심히 첨단 재료를 찾다가 샌드위치 보온용 팩으로 사용되는 포장지로 풍선을 만들어 띄웠다.

언젠가 예술가들과의 공동 작업에 동료 과학자들을 끌어들이면서 클뤼버는 다음과 같은 말을 남겼다. "여러분은 레오나르도다빈치처럼 르네상스맨이 아니어도 괜찮다. 작업이 재미없을 수도 있다. 공학적인 기준으로는 전혀 의미 없는 일을 하게 될지도 모른다. 그러나 어느 순간 예상치 못한 의미를 찾게 되고, 곧 그 일에 빠져들 것이다."

E.A.T.는 1970년대 중반에 공식 활동을 중단했으니 겨우 10년 남짓 활동한 셈이다. 그러나 그 기운은 1980~90년대 미국 전

앤디 워홀, 〈은빛 구름〉

역에서 일어난 과학과 예술 융합 현상의 모태가 됐고, 2000년 이후 디지털 기술이 예술에 크게 영향을 주면서 미디어아트의 확산으로 이어졌다.

전공 분야인 인공지능과 가상현실의 특성상 컴퓨터로 영상을 만드는 일이 다반사이기 때문이기도 하지만, 나는 항상 시각예술을 가까이 해왔다. 오랫동안 예술가들과 공동 작업도 하고, 연구실에 입주 작가를 들이기도 하고, 전시 기획이나 공연 기획도 하고, 가끔 작품 활동도 하다보니 과학과 예술의 공통점과 차이점을 어렴풋이나마 느끼게 된 것 같다.

클뤼버가 말한 대로 예술가와 과학자가 함께하면 양쪽 다 예상하지 못한 의외의 결과가 나올 수 있다. 의외의 결과는 예술에만 집중하거나 과학만 들이파서는 얻을 수 없는 그런 결과일 가능성이 크다.

과학과 예술의 융합을 너무 거창하게 과학자나 예술가에게만 해당되는 것으로 볼 필요는 없다. 우리 삶도 항상 이성과 감성, 현실과 이상, 이해타산과 유유자적이 상충되고 교차하고 있지 않은가? 이런 이중적인 불편함과 불안감과 스트레스를 완화하거나 해소하는 것이 개인적 차원에서의 과학과 예술의 융합일 것이다.

로봇 아트,
제3의 인간을 꿈꾸다

도대체 나는 무엇인가요?

써니 (영화 〈아이 로봇〉에 등장하는 로봇)

13

어느 날 국립현대미술관 큐레이터로부터 전화가 왔다. 특별전을 기획하고 있는데, 전시에 참여해달라는 내용이었다. 그동안 어떤 때는 제작자로서, 어떤 때는 기획자로서 내 나름대로 의미가 있다고 생각되면 전시 작업에 참여해왔다. 사설 갤러리, 박물관, 과학관, 코엑스 전시장 등 가리지 않았다. 그러나 우리나라 현대미술의 본산인 국립현대미술관 본 전시장에서 전시한 적은 없었다. 2년 전 국립현대미술관 어린이관에 전시 작품 2점을 넣은 적은 있으나 어린이관은 어린이관이다. 그러니 이게 얼마나 좋은 기회인가! 당연히 참여했다.

'로봇 에세이'라는 타이틀을 건 이번 특별전의 전시 주제는 로봇이다. 세계 각지에서 10명 안팎의 유명 아티스트가 참여했다. 물론 나는 아티스트가 아니니 나에게 주어진 임무는 작품 전시가 아니다. 요즘 전시에는 소위 아카이브 세션이라는 것이 있다. 전시에 관련된 자료를 모아서 그 전시의 배경과 전시 작품의 의미를 관람객들에게 제공하는 것이 주목적이다. 예를 들어 인상주의 화가 모네의 그림들로 전시를 한다고 치자. 당연히 모네의 그림들이 주 전시물이 될 것이다. 관람객들에게 모네가 어떤 사람인지, 어떤 시대에 활동했는지, 모네의 예술관은 어땠는지 등 모네와 그의 주변 인물들에 대한 자료를 정리해서 보여주는 전시 또한 주 전시물 못지않게 중요하다. 그러니까 아카이브 세션은 '전시에 대한 전시'라고 보면 된다.

요즘 현대미술은 난해하기 때문에 이런 아카이브 세션이 중요해지고 있는 추세다. 모네 전시를 한다면 그의 소지품, 일기, 동료 화가들과 주고받은 편지, 사진, 스케치 등을 구해다가 큐레이터의 의도에 맞춰 전시하면 된다. 그런데 이번 전시 주제는 로봇이다. 어디서 무엇을 구해다 전시해야 하나?

탈로스, 골렘, 프랑켄슈타인

언젠가 미국역사박물관에 간 적이 있다. 미국 역사라는 것이 우리나라 역사의 십분의 일도 안 되는 짧은 기간이지만 나름대로 다사다난, 파란만장한 역사라는 걸 알 수 있었다. 그런데 특이하게도 전시관 복도 중간에 문이 두 개 있고 관람객은 이 두 개의 문 중 하나를 통과하게끔 되어 있었다. 왼쪽 문 위에는 큼지막

한 글씨로 '백인 전용', 오른쪽 문 위에는 '기타(유색 인종)'라고 적혀 있는 게 눈에 들어왔다.

순간 아찔하고 당황했다. 나는 어디로 통과해야 하나? 백인 전용을 이용하자니 거짓말을 하는 것 같고, 문 뒷편에 버티고 있는 덩치 큰 박물관 경비원한테 야단맞을 것 같았다. 그렇다고 내가 '기타'에 속하지는 않을 것 같았다. 살아오면서 단 한 번도 나 자신을 '기타' 카테고리에 넣어 생각해본 적은 없었다. 머뭇거리다가 용기를 내어 백인 전용 문으로 통과했다. 사실 이 문은 1960년대 이전 미국에 인종 차별 정책이 시행되던 시절을 묘사한 전시물에 불과했다. 그러나 나에게는 상당한 정신적 충격을 남겼다.

나도 몇 년 전 로봇을 주제로 전시 기획을 한 적이 있다. 흔히 '로봇' 하면 아이들용 장난감 로봇이나, 자동차 공장에서 사람을 대신해 위험한 용접 작업을 하는 산업용 로봇, 텔레비전에서 방영되는 로봇 격투기 프로에 나오는 싸움 로봇 등 로봇이라기보다는 리모콘으로 작동하는 기계를 떠올린다. 혹은 아예 영화 〈트랜스포머〉나 〈어벤저스〉에 등장하는 엄청난 파워와 지능마저 갖춘 무시무시한 괴물 로봇을 연상한다. 이 두 가지 극단적 로봇 모델을 떠올리다가 문득 이런 생각이 스쳐 지나갔다. 언젠가는 장난감 로봇이 괴물 로봇으로 진화되지 않을까?

지능이 전혀 없고 제대로 움직이지도 못하는 리모콘 로봇과 중력을 무시하고 하늘을 날아다니는 슈퍼 파워 인공지능 로봇 간에는 엄청난 괴리가 존재한다. 리모콘 로봇이 현재라면 슈퍼

파워 인공지능 로봇은 미래다. 그런데 이 현재와 미래 사이에 인간이 설 곳은 어딜까? 인간은 순수한 인간으로 남을 것인가? 아니면 남들보다 조금 더 빠르고, 더 힘세고, 더 예쁘고, 더 똑똑해지기 위해 우리 신체를 로봇으로 점차 대체해 나가다가 나중에는 진짜 로봇이 될 것인가? 동시에 로봇은 거꾸로 인간을 닮도록 진화해서 나중에는 인간과 구별하지 못할 정도로 인간화될 것인가?

이런저런 생각 끝에 전시장 입구에 문을 두 개 달고 왼편 문에는 '인간 전용' 그리고 오른편 문에는 '기타'라고 적어놓았다. 그러자 재미있는 현상이 일어났다. 전시장을 찾은 관람객 중 일부는 아주 자연스럽게 '기타'를 선택했다. 또 어떤 관람객은 무심코 '인간 전용'으로 들어가려다가 표지판을 보고 소스라치게 놀라서 '기타'로 발걸음을 옮겼다. 어떻게 된 일일까? 우리는 이미 자신도 모르게 로봇화됐나보다.

과학과 예술 사이에는 분명한 경계가 존재하지만 로봇에 관한 한 이 둘의 경계가 모호해진다. 기술적인 측면에서 로봇을 정의하자면 한마디로 생명체와 유사한 능력을 보유한 무생물체라고 할 수 있다. 특히 인간과 외관이 흡사하고 인간과 유사한 지적능력을 보유한 무생물체—최근 용어로는 휴머노이드 로봇이라고 부르는—에 관한 한, 예술적 상상력이 과학적 기술력을 항상 앞질러왔다. 실제로 인간 스스로 인간과 닮은 피조물을 만드는것은 인간의 오랜 꿈이었다. 어쩌면 인간 DNA에 새겨진 원초적본능인지도 모른다.

그러기에 인간은 무려 2만 년 전 구석기 시대에 이미 정교한 형태로 돌인형을 만들었다. 그리스 신화에도 청동인간 탈로스Talos가 등장한다. 제우스는 에우로파Europa를 납치해서 크레테 섬에 가두고 탈로스로 하여금 그녀를 외부 침입자로부터 지키게 했다. 상상이 아니라 실제로 움직이는 로봇 역시 그 기원은 고대 이집트로 거슬러 올라간다. 기원전 2000년경 고대 이집트 시대에 만들어진 사냥개 로봇은 복부 레버를 잡으면 개의 입이 움직인다.

　탈무드에도 진흙으로 빚은 '골렘'이라는 인간 전 단계의 피조물이 묘사되어 있고, 이걸 연상시키는 '골룸'이라는 캐릭터는 영화 〈반지의 제왕〉에서 주인공에 버금가는 중요한 역할을 한다. 중세 시대에는 이미 기계적 장치로 돌아가는 매우 정교한 인형들이 등장했다. 그중 가장 잘 알려진 것이 프라하 종탑에 설치된

기원전 300년 경.
청동인간 탈로스가 새겨진 고대 주화.

기원전 1500년경 만들어진 사냥개 로봇

시계 장치일 것이다. 지금도 한 시간마다 한 번 작동하는 이 시계 장치는 전 세계에서 찾아온 관광객들을 매료시키고 있다.

과학적인 신빙성을 갖고 탄생한 최초의 피조물은 앞서 소개한 낭만주의 시대의 영국 작가 메리 셸리의 《프랑켄슈타인》일 것이다. 당시 과학계에선 무생물과 생명체의 근본적인 차이점에 대해 학자들 간에 열띤 논쟁이 일어났고, 심지어 공개석상에서 스승과 제자 간에 고성이 오가기도 했다.

그 핵심은 영혼의 존재 유무였는데, 한편에서는 눈에 보이지 않는 에너지나 기로 이루어진 무언가가 생명의 핵심이라고 주장한 반면, 다른 한편에서는 영혼이라는 것은 존재하지 않거나 만일 존재한다고 해도 뇌의 작용에 의한 부산물일 뿐이며 과학에서 다룰 이슈는 아니라고 주장했다. 아무튼 양쪽 진영 모두 전기나 자기가 생명 현상과 깊이 관련되어 있을 거라는 점은 동의했다.

메리 셸리는 과학과는 거리가 먼 인물이었으나 당시 이런 핫이슈에 대해 잘 알고 있었기 때문에 인위적인 전기 자극으로 새로운 생명을 만든다는 플롯을 짜게 된 것이다. 실상 프랑켄슈타인은 피조물이 아니라 과학자의 이름이라는 걸 알고 있는 사람은 드물다. 소설에서는 이 피조물을 특정 고유명사가 아닌 '그것'으로 지칭하고 있다.

불쾌한 골짜기?

로봇이란 용어는 체코의 극작가 카렐 차펙Karel Capek이 처음 만들었다. 그의 연극 〈로섬의 만능 로봇Rorrum's Universal Robots〉에서 로봇은 인간을 노동으로부터 해방시키기 위해 공장에서 노동만 하는 기계다. 이 로봇들이 스스로 진화하기 시작하면서 비이성적이고 모순투성이인 인간들은 이 세상에 존재할 이유가 없다고 생각하게 되고, 결국 인류를 멸종시키고 로봇들로 구성된 새로운 세상이 시작된다. 이 연극은 유럽 대도시에 이어 미국에서도 200회 이상 공연되며 흥행했다.

차펙의 연극은 놀랍게도 불과 3년 후인 1924년 일본에 상륙했다. 일본인들은 로봇이란 생소한 단어를 어떻게 번역할까 고민하다가 '인조인간'이란 단어를 만들었다. 일본에서는 로봇이란 단어는 없었으나 일찍이 에도 시대에 차를 대접하는 로봇이 있었을 정도로 자동으로 작동하는 인형들이 인기를 얻고 있었다.

일본은 세계 최초로 인간처럼 걷고 계단도 오르는 로봇이나 물고기처럼 헤엄치는 로봇을 개발했고, 비록 상업적으론 성공하지 못했지만 소니에서 애완견 로봇 '아이보AIBO'를 출시하여 마니아층을 형성하기도 했다. 로봇 문화가 오랜 세월을 거쳐 정착되면서 일본인들의 로봇 사랑으로 이어지고 그러다 보니 로봇 연구가 활성화된 것이다. 물론 일반 대중이 로봇 기술을 알 리는 만무하지만 사회적으로 로봇에 대한 합의가 이루어졌다고 볼 수 있다. 일본은 인간과 로봇이 공존하는 첫 번째 국가가 될 것이다.

오사카대학의 히로시 이시구로 교수를 찾아갔을 때 그는 일본 여배우 한 명과 장난을 치고 있었다. 그런데 그 여배우는 컴퓨터에 연결되어 있었다. 게다가 하반신도 없었다. 실제 배우와 꼭 닮았지만 실은 로봇이었다. 이시구로 교수는 한때 자기 자신과 똑같은 로봇을 만들어 세계적으로 유명해졌다. 그는 인간이 로봇을 생명체로 인식하려면 어떤 조건을 필요로 한지 연구하고 있다. 안드로이드 사이언스, 그가 만든 신조어다.

그의 연구는 진작부터 알고 있었지만 그를 처음 만난 건 그가 연극팀을 이끌고 우리나라를 방문했을 때였다. 〈사요나라〉라고 하는 연극은 불치병을 앓고 있는 소녀에게 책을 읽어주는 로봇

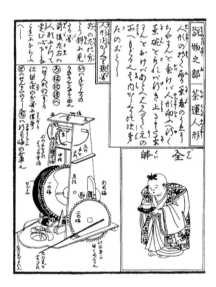

에도 시대 차를 따르는 로봇 설계도

인간 이시구로 교수와 로봇 이시구로 교수

의 이야기로, 소녀가 죽은 후 이 로봇도 폐기하게 된다는 스토리

였다. 이 연극에서 로봇 역할을 맡은 배우는 다름 아닌 로봇이다.

　로봇이 인간과 비슷해질수록 인간은 로봇에게 더 친근감을

느낄까? 아니다. 〈사요나라〉의 주인공 로봇을 처음 봤을 때, 이시

구로 교수 실험실에서 여배우 로봇을 봤을 때, 더군다나 이시구

로 교수와 구분할 수 없을 만큼 이시구로 교수를 닮은 로봇을 봤

을 때, 첫인상은 한결같이 섬뜩했다. 또 다른 일본인 교수 마사히

로 모리는 인간이 인간과 닮은 피조물─로봇, 밀랍 인형, 장난감

인형─을 대했을 때 느끼는 감정을 '불쾌한 골짜기Uncanny valley'

라는 이상한 용어로 설명했다. 로봇이 인간을 닮아갈수록 우리

가 느끼는 친근감은 증가한다. 닮은 정도가 계속 증가하면 어느

순간에 친근감은 골짜기로 추락하듯 혐오감으로 바뀐다. 그러다가 로봇이 인간과 구별할 수 없을 만큼 똑같아지면 갑자기 혐오감은 친근감으로 전환된다.

오래전 뉴욕현대미술관에서 있었던 일이다. 전시장 한복판에 아줌마 한 명이 앉아 있었다. 조금은 촌스러운 옷차림에 유행 지난 헤어스타일을 하고 한가운데에 버티고 앉아 있어서 조금 무례하다고 생각하며 눈을 마주치지 않고 지나갔다. 그런데 내가 전시장을 한 바퀴 도는 동안 이 아줌마는 그 자리에 그대로 앉아 있는 게 아닌가. 가까이 가서 보니 관람객이 아니라 조각 작품이었다. 갑자기 등골이 오싹해지고 전시장이 다른 세상처럼 느껴졌다. 과학자 마사히로 모리가 '불쾌한 골짜기'를 발견하기 훨씬 이전에 예술가 두에인 핸슨Duane Hanson은 이 현상을 예언했던 것이다.

인간과 로봇이 공존하는 시대

최근 도서관에 가본 적이 있는가? 거의 모든 정보를 인터넷에서 얻을 수 있는 요즘은 도서관에 갈 일이 별로 없다. 나뿐 아니라 주위 사람들 대부분이 그렇다. 그럼에도 불구하고 가끔 오래된 책에서 나는 냄새가 그리워 도서관을 방문한다.

도서관이 모든 연구의 출발점이던 시절이 있었다. 방대한 서

뉴욕현대미술관에 설치된 두에인 핸슨의 조각 작품

적 중에서 내가 원하는 책을 찾기 위한 첫걸음은 듀이 분류 체계라는 기준에 따라 서가 위치를 확인하는 것이다. 듀이 분류법은 이 세상 모든 책, 아니 모든 지식을 철학, 종교, 역사, 과학, 기술, 예술 등 10개로 나눈 것이다. 내가 원하는 책은 십중팔구 기술이나 과학 카테고리에 있게 마련이다. 로봇에 관한 책도 물론 기술이나 과학 카테고리에 비치되어 있다.

그런데 10개 카테고리 중 9개 카테고리에 걸쳐 책을 집필한람이 있다. 러시아에서 태어나 미국으로 이민 간 아이작 아시모 프Issac Asimov는 평생을 미국 보스턴대학 화학과 교수로 재직했다. 그러나 그는 교수보다는 작가로 더 잘 알려져 있다. 그는 생전에 무려 500권의 책을 집필했는데 대부분은 SF 소설이다. 우리나라에서 상영됐던 영화 〈아이 로봇I, Robot〉도 그의 작품이다. 그의 소설은 로봇의 정체성이나 로봇과 인간의 갈등, 협력, 상생과 같은 무거운 이슈를 흥미롭게 다루고 있다.

그중 《런어라운드Runaround》라는 소설에서 그는 로봇이 지켜야 할 세 가지 원칙을 제시했다.

제1원칙 로봇은 인간을 해치면 안 된다. 또한 인간을 위험에 방치해서도 안 된다.

제2원칙 위의 제1 원칙을 어기지 않는 한도 내에서 로봇은 인간의 명령에 복종해야 한다.

제3원칙 위의 두 원칙에 저촉되지 않는 한도 내에서 로봇은 자기자신을 보호할 수 있다.

이 원칙에 따르면 내 로봇에게 내가 싫어하는 사람을 때리라는 명령은 제1원칙에 위배되기 때문에 내 로봇은 비록 내 명령에 복종한다 할지라도 이 명령만은 무시한다. 아시모프는 나중에 이 세 원칙만으론 부족함을 느꼈다. 이를테면 인간들끼리 싸우다가 문명이 사라지거나, 인간이 자연을 파괴하여 인간뿐 아니라 모든 생명체가 멸종되는 것을 방지할 필요를 느꼈다. 그래서 법칙 하나를 더 추가했다.

> **제4원칙** 로봇은 인류에게 해를 가하거나, 인류가 해를 입도록 방치해서는 안 된다.

네 번째 원칙은 제0원칙으로도 불리운다. 앞의 세 원칙들처럼 별도의 조건을 필요로 하지 않기 때문이다. 〈매트릭스〉, 〈터미네이터〉, 〈어벤저스〉, 〈엑스맨〉 등 로봇이나 변종 인간이 등장하는 소설이나 영화치고 아시모프의 로봇 원칙을 들먹이지 않는 것이 없을 정도로 이 원칙은 유명해졌다. 미래에 로봇 공화국이 세워진다면 아시모프의 로봇 원칙이 헌법으로 채택될 것이다.

아시모프는 훗날 이런 이야기를 했다. 자기가 만든 이 원칙은 굳이 '원칙'이라고 부를 필요도 없다. 왜냐하면 로봇에 대한 이 생각은 모든 인간의 무의식 저변에 깔려 있기 때문이다. 그는 또 이렇게 덧붙였다. 이 원칙은 꼭 로봇에만 적용되는 것은 아니다. 인간이 만든 모든 인공물이 만족시켜야 할 조건이다. 멋진 말이지만 너무 이상적이다. 인간은 자신이 만든 인공물인 무기로 상대방뿐 아니라 자기 자신을 파괴해오지 않았나?

현대미술관 기획전 '로봇 에세이'의 아카이브 세션은 당연히 로봇 이야기로 시작하기로 했다. 미술 전시인만큼 일단 로봇을

국립현대미술관 기획전 〈로봇 에세이〉의 아카이브 전시

소재 혹은 주제로 하는 로봇 아트의 지난 100년 역사를 타임라
인으로 보여준다. 로봇에 관한 인간의 꿈인 영화에 묘사된 로봇
을 중첩시켜 보여주고 로봇 기술의 발전사도 함께 보여준다. 로
봇에는 예술과 과학기술과 대중문화가 함께 얽혀 있다는 걸 알
려주고 싶었다. 로봇 이야기로 시작한 아카이브 세션은 우리 인
간의 이야기로 마감했다. 그리고 관람객으로 하여금 간단한 설
문에 응답하고 전시장을 떠나게 했다.

　설문 1 순수한 인간을 0, 기계를 100이라고 할 때, 당신은 얼마나
　　　　기계하됐다고 생각합니까?
　설문 2 당신 신체 중에 기계로 대체하거나 업그레이드하고 싶은 부

위가 있다면 어느 부위입니까?

독자들도 잠시 읽기를 멈추고 설문에 답을 해보라. 나는 어느 정도 인간에서 멀어져 있는가? 기술적으로 가능하다면 신체의 어느 부위를 인조물로 바꿀 용의가 있는가? 3개월 동안 약 3400명이 응답했다. 그 결과는 이렇다.

설문 1 응답자 신체의 평균 39퍼센트가량 기계화되어 있다.
설문 2 뇌를 바꿀 의향이 있다는 응답이 1728명으로 단연 1위. 그
뒤를 이어 다리, 눈, 유방, 입, 눈, 생식기, 소화기관 순.

우리는 이미 우리 자신이 순수한 인간이 아니라고 생각하고 있는 것이다. 이제 로봇 이야기는 우리 자신의 이야기일 수밖에 없다.

아름다움의
과학

아름다운 것, 정말로 아름다운 것은 옳은 것이다.

빈센트 반 고흐 Vincent van Gogh

14

레오나르도 피보나치 Leonardo
Fibonacci는 갈릴레이가 대학 교수로 활동했던 이탈리아 피사에서
1170년에 태어났다. 갈릴레이가 살던 시기보다 400년 전인 중세
시대에 태어난 것이다. 당시 유럽은 아랍보다 더 미개했고 더 못
살았다. 그는 아랍의 선진 문명, 특히 10진법에 기반한 아라비아
숫자 시스템을 유럽에 소개한 인물로 알려져 있다.

피사는 피렌체에서 그리 멀지 않다. 피사에 사는 피보나치가
소개한 10진법으로 가장 큰 혜택을 본 사람들은 피렌체의 금융
업자들이었다. 당시 유럽에선 로마 알파벳으로 숫자를 표기하고
있었다. 로마 교황청에서는 이교도들이 개발한 10진법을 사용
하지 못하도록 금지령을 내렸으나 통하지 않았다. 한번 생각해
보라.

$$XXI + XXXVII = ?$$

이건 21 더하기 37을 묻는 간단한 산수 문제다. 정답인 58을 로마 알파벳으로 표기하면 LXIII이 된다. 자릿수가 높아질 때마다 새로운 문자를 도입해야 한다. 반면 10진법을 쓰면 10개 문자로 이 세상 모든 숫자를 표현할 수 있다. 10진법을 마다할 이유가 없었다. 10진법은 금융안에 날개를 달아주었고, 피렌체에는 이때부터 메디치 가문 같은 금융 재벌이 생겨났다.

피보나치는 초등학교 시험 문제로 자주 등장하는 문제 "다음 수열에서 괄호 안에 들어갈 숫자는 무엇일까요?"를 만든 장본인이기도 하다.

1, 1, 2, 3, 5, 8, 13, 21, 34, (   ), 89, 144 …

물론 정답은 55다. 바로 전 두 숫자를 더하면 된다. 이걸 피보나치 수열이라고 부른다. 이 수열을 계속해서 만들어나가면 흥미롭게도 인접한 두 숫자의 비율은 1.618…로 수렴된다. 이 비율대로 직사각형을 만들면 다음 그림과 같다. 이 비율로 만들어진 대표적인 기하도형인 나선형 패턴도 직사각형 속에 함께 포함시켰다. 나선이 계속 자라도 나선을 감싸는 직사각형은 항상 동일한 비율을 유지하는 신기한 현상이 나타난다.

위대한 수학자 베르누이는 자신의 묘비에 나선 도형을 그려

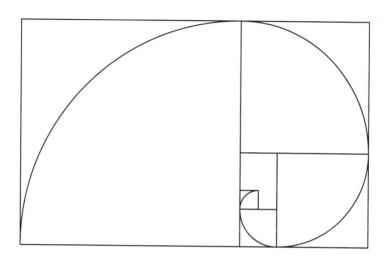

황금비율로 생성된 사각형과 나선

넣을 것을 유언으로 남기기까지 했다. 그런데 이런 심오한 이론을 알 리 없는 석공은 대충 자신이 디자인한 나선을 새겨 넣었다. 결국 베르누이 비석의 나선은 이 비율을 지키지 못했다. 베르누이는 죽어서도 탄식을 하고 있을지도 모른다. 아무튼 우연찮게도 지폐, 텔레비전 화면, 건물 모양 등 인간이 만든 것들뿐 아니라 자연계에 존재하는 다양한 동식물의 형태가 이 비율을 따르는데, 여러 학자들이 열심히 연구한 결과에 의하면 이 비율이 우리 눈에 가장 예쁘게 보인다고 한다. 그래서 이 비율값을 황금비율Golden Ratio이라고 부른다. 글쎄, 지폐는 어떤 모양이든 예쁘게 보일 거다.

숫자는 아름답다

새로운 개념을 만들면 이 세상 모든 사물에 그 개념을 적용하고 싶은 게 인간의 심리다. 많은 학자들이 지나칠 정도로 황금비율에 심취해 연구했다. 그리스 파르테논 신전, 비너스 상에서부터 시작해서 다빈치의 모나리자를 거쳐 배우 톰 크루즈의 얼굴과 안젤리나 졸리의 바디라인까지. 한때는 황금비율을 아름다움이라는 불가사의한 개념의 열쇠로 보기도 했다. 마치 물리적 운동에 뉴턴의 법칙이 있고, 유기체 변화에 다윈의 진화론이 있듯 말이다.

앞서 소개한 선원근법도 르네상스 시대의 미의 기준이라고 보면 된다. 선원근법을 잘 따른 작품은 아름답고 멋있고 사실적으로 보이는 반면, 그렇지 않은 작품은 추하고 이상하고 비사실

페에로 델라 프란체스카, 〈이상적인 도시〉

적으로 보인다고 알게 모르게 교육받았다. 피에로 델라 프란체스카Piero della Francesca는 선원근법이라는 미학 공식을 가장 철저하게 실행한 화가다. 그의 모든 그림은 빈틈없이 철저하게 선원근법을 따른다. 오죽 정확했으면 그의 작품으로부터 거꾸로 그림에 등장하는 인물들의 신장까지 추정할 수 있을 정도다.

나는 그의 작품을 볼 때마다 내가 대학원 다닐 때 계산이론이란 수업을 담당했던 교수님이 생각난다. 항상 단정한 옷차림에 깔끔하게 카이젤 수염을 기르셨던 이 교수님은 내가 제출한 리포트에 철자는 물론이고 소수점, 쉼표, 마침표 하나하나까지 교정을 해서 돌려주셨고 틀린 곳 하나에 1점씩 깎아서 어떤 때는 100점 만점에 마이너스 점수를 받는 진기한 경험을 하기도 했다. 그 당시 나는 무척 분개했다. 영작문 수업도 아닌 고등수학 수업에 무슨 맞춤법 검사냐, 실력 없는 교수가 내용은 보지도 않고 맞춤법이나 체크한다 등등. 그런데 이제 조금 이해한다. 과학이든 예술이든 정확하고 완벽해야 한다. 정확성과 완벽성을 갖춘 후에야 거기서 일탈할 수 있는 권리가 주어진다. 나는 그때 이 교수님은 분명히 16세기 화가 프란체스카가 20세기에 환생한 거라고 생각했다.

아무튼 선원근법이라는 아름다움의 공식은 이후 500년 가까이 막강한 위력을 발휘한다. 때로는 매너리즘처럼 선원근법을 의도적으로 벗어난 스타일이 유행하기도 했지만 이 '벗어남'의 아름다움 역시 선원근법이라는 기준이 있기에 통용 가능한 것이

매너리즘을 대표하는 화가 엘 그레코의 작품.
전경의 인물들과 원경의 건물들은 모두 원근법을 크게 벗어나 있다.

었다.

　그런데 아름다움과 같이 주관적이고 애매한 개념을 과학적
으로 분석하려는 노력을 부정적으로만 볼 일은 아니다. 고대부
터 지금까지 자연계는(혹은 조물주는) 세상을 가장 아름답게 창조
하고 운영해왔다는 기본 가설이 많은 과학적 업적의 모티브가
되기도 했고 결과를 판단하는 잣대가 되기도 했다. 니콜라우스
코페르니쿠스의 지동설도 복잡한 천체 데이터를 가장 간단하게
설명하려다보니 태양이 움직이는 것보다는 지구가 움직이는 것

이 훨씬 그림이 잘 나왔기 때문에 시작됐다. DNA 구조도 마찬가지다. 복잡한 생명 현상을 설명하는데 나선형 계단이 겹쳐져 있는 이중 나선 형태가 가장 아름다웠기 때문에 우리는 이중 나선 구조를 거부감 없이 받아들일 수 있다.

이 세상에서 가장 단순하면서 완벽한 형태는 무엇일까? 바로 원 혹은 구다. 그래서 신이 존재한다면 그는 구 형태로 존재할 것이라는 이론도 있었다. 비눗방울이나 이슬방울도 구 형태다. 왜 그럴까? 구는 가장 작은 면적으로 가장 큰 부피를 감싸기 때문이다. 이 단순한 사실에서부터 미적분학을 넘어 현대의 고등수학이 발전했다.

일반적으로 과학자들은 새로 만든 공식이 너무 복잡하거나 지저분하면 뭔가 잘못된 걸로 짐작하고 더 단순하고 예뻐질 때까지 연구를 계속한다. 아주 극단적인 경우도 있다. 세상 모든 것을 수학과 수식으로 보는 것이다. 피타고라스의 정리로 유명한 그리스의 철학자 피타고라스는 세상만사를 숫자와 비율로 봤다. 예를 들어 기타 줄을 반으로 줄이면 음정은 2배 높아진다. 그는 음악이라는 매우 추상적인 예술을 수학이라는 잣대로 분석하고 이해하려 했다. 그런데 문제가 생겼다. 가로 세로 같은 길이의 정사각형의 대각선은 비율로 나타낼 수 없었다. 그런 수를 무리수라 하고 $\sqrt{2}$와 같이 낯선 기호로 표기한다.

전설에 의하면, 피타고라스는 이 사실을 발설한 제자의 발목에 쇠구슬을 달아 지중해 깊숙이 수장시켰다고 한다. 예나 지금이나 상식에 어긋나거나 체제를 위협하는 이론은 사회에서 저항을 받거나 심지어 목숨까지 내놓을 각오를 해야 한다. 코페르니쿠스, 갈릴레이, 뉴턴, 다윈 그리고 현대에 들어와서 아인슈타인도 그랬다.

외모에 관한 경제학

미술美術이란 단어의 '미美'는 아름다움을 뜻한다. 미술은 글자 그대로 해석하자면 아름다운 것을 만드는 기술이다. 그렇다면 성형외과 의사는 미술가다. 미스코리아 선발대회에 외과의사가 빠짐없이 심사위원으로 등장하는걸 봐도 알 수 있다. 스티븐 마쿼트Stephen Marquardt는 은퇴한 성형외과 의사다. 그는 로스앤젤레스에서 27년간 많은 연예인들의 얼굴을 손본 경험을 가지고 있다. 그간의 경험을 바탕으로 그는 아름다움, 특히 얼굴의 아름다움을 분석했다. 그의 이론은 이렇다. 얼굴의 아름다움은 색상, 텍스처, 크기, 형태의 네 가지 요소에서 나온다. 아름다운 얼굴은 빛깔이 곱고 피부가 부드러워야 하며 너무 크지도 작지도 않아야 한다. 그런데 얼굴의 각 부분을 지칭하는 형태는 미스터리다. 눈, 코, 입이 어떻게 생기고 어떻게 배치되어야 예쁜 얼굴인가? 그렇지만 황금비율 이론을 정교하게 적용하면 가장 아름다운 얼굴을 도출해낼 수 있다.

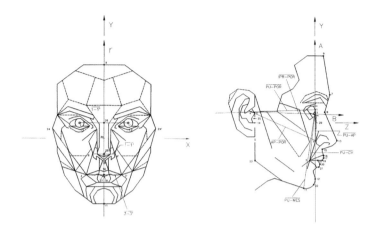

스티븐 마쿼트 박사의 뷰티 마스크(정면과 측면)

그는 기하학과 자신의 경험을 결합해서 자신이 생각하는 가장 아름다운 얼굴 형태를 마스크로 만들었다. 물론 성별, 연령, 인종에 따라서 마스크는 조금씩 다르다. 그는 자신이 만든 뷰티 마스크를 특허 출원했다. 독자들도 셀카 사진을 그의 뷰티 마스크에 붙여보면 자신의 얼굴이 얼마나 아름다운지 측정할 수 있다. 결국 그가 주장하는 것은 간단하다. 자신의 얼굴이 마스크와 현격하게 들어맞지 않는 부분은 성형수술을 해서 맞출 수 있다. 그의 홈페이지에는 재미있는 문구가 적혀 있다. "아름다움은 추천서보다 더 효과적이다." 고대 철학자 아리스토텔레스가 한 말이라는데, 글쎄. 누군가는 이런 말도 했다. "아름다움은 술보다 독성이 강하다. 아름다움을 소유한 자뿐 아니라 상대방도 무너뜨린다."

외모에 관한 이슈를 경제학과 연계시킨 사람은 대니얼 해머메시Daniel Hamermesh라는 경제학자로 알려져 있다. 그는 외모와 근로자의 평균 임금 간의 상관관계를 조사했다. 조사 결과에 의하면 평균 이상 잘생긴 사람은 평균보다 5퍼센트 더 많은 연봉을 받는 반면, 못생긴 사람은 평균치에 비해 10퍼센트 적게 받는다고 한다. 또한 잘생긴 남자는 평생에 걸쳐 13퍼센트 더 많은 수입을 올린다고 한다. 잘생긴 여성의 수치는 그보다 낮은데 그 이유는 여성은 자신의 아름다움을 현금화하는 데 활용하기보다는 배우자를 구하는 데 '지출'하기 때문이란다.

경제학적으론 외모도 일종의 자산이라 볼 수 있다. 그러니까 외모도 경제 활동뿐 아니라 결혼, 협상, 네트워킹 등 다양한 인간 활동에서 거래될 수 있는 재화로 본다는 것이다. 돈을 더 많이 벌고 싶어 하는 것과 마찬가지로 더 아름다워지려고 하는 욕망은 인간의 본능이다. 그래서 더 좋은 화장품, 더 비싼 옷, 더 멋있는 헤어스타일 그리고 성형수술을 해서라도 더 아름다운 얼굴과 몸매를 갖기를 원한다.

만일 의학이 고도로 발달해서 모든 사람이 자신이 원하는 외모로 완벽하게 변신할 수 있다면 어떻게 될까? 이 세상 모든 사람이 완벽하게 예뻐지는 세상이 오고 외모로 인한 불평등은 없어질까? 천만의 말씀이다. 아름다움은 상대적인 것이다. 그런 날이 온다 해도 사람들은 다른 사람들과 차별화하기 위해 더 많은 투자를 해야 하는 상황이 발생할 것이다. 결국 외모 가꾸기는 치킨 게임이다.

외모를 인위적인 방법으로 업그레이드하는 것은 그다지 이익이 남는 장사가 아니라는 연구 결과도 있다. 투자한 돈과 시간, 고통, 부작용, 후유증에 비해 돌아오는 경제적 이득은 생각보다 크지 않다는 것이다. 경제적으로는 투자 대비 기껏해야 4퍼센트 남짓 회수할 수 있다는 연구 결과도 있다. 그렇다면 가장 효과적인 투자는 무엇일까? 외형적인 아름다움보다는 내면의 아름다움을 키우는 것이다.

선하고 아름답게 사는 사람은 얼굴이 아름답고 행동이 우아하다. 내면의 아름다움은 나이가 들수록 더욱 확실하게 나타난다. 개그우먼 박지선의 말마따나 '몸이 기억하고 얼굴이 기억하기' 때문이다. 그리고 내적인 아름다움은 상당 부분 교육을 통해서 얻어진다. 이 점 역시 경제학에서 말해주고 있다. 1년 교육은 평생에 걸쳐 추가로 10퍼센트의 수입을 더 가져다준다고 한다. 그러니까 남들보다 3년 더 교육에 투자하면 30퍼센트 더 많은 부를 축적할 수 있다는 말이다.

결국 몸이라는 하드웨어보다는 머리와 마음이라는 소프트웨어에 투자하는 것이 남는 장사다. 다이어트가 건강을 담보하지 못하듯이 몸치장과 성형수술은 아름다움을 보장해주지 않는다.

데이터 아트,
빅데이터가
예술로 승화하다

넘쳐나는 정보 속에 우리가 잃어버린 지식은 어디로 갔는가?
넘쳐나는 지식 속에 우리가 잃어버린 지혜는 어디로 갔는가?

토머스 엘리엇 Thomas Eliot

15

멀리 수평선 너머 베네치아 공항이 보인다. 공항에 자동차나 전철이 아닌 선박으로 도착하긴 이번이 처음이다. 베네치아 건축 비엔날레를 관람하는 데 주어진 시간은 단 두 시간. 그것도 비엔날레 행사장에서 바로 배를 타야 가능한 시간이었다. 육로로 공항에 가기엔 시간이 턱없이 부족했다. 사실 베네치아 건축 비엔날레 관람은 예정에 없는데 그 전날 만난 베네통 디자인연구소 소장의 유혹에 넘어갔다. 이탈리아까지 왔는데 비엔날레는 꼭 가봐야 한다는 게 아닌가. 특히 다른 국가관은 못 보더라도 러시아관은 꼭 가보라고 했다. 그의 조언에 따라 밤늦게 베니치아에 도착해서 다음 날 아침 일찍 행사장 정문이 열리자마자 러시아관으로 향했다.

입방체의 커다란 방은 수많은 작고 동그란 구멍에서 흘러나온 빛으로 간신히 어둠을 극복하고 있었다. 나는 한 구멍에 가까이 다가가 구멍 안을 들여다보았다. 스탈린 동상이 보였다. 그 옆 다른 구멍을 통해서는 밭에서 쟁기질하는 일군의 농부들, 또 다른 구멍으론 텅 빈 초등학교 교실이 보였다. 모든 구멍은 그 나름대로의 스토리를 가지고 있었다. 그리고 그 스토리들은 하나의 주제로 연결되어 있었으니, 옛날 구소련 시대에 세워진 계획도시에 대한 것이었다. 그렇게 만들어진 계획도시들이 자그만치 60개. 이제는 대부분 공동화되어 반 폐허로 남아 있다고 한다.

다음 전시실로 향했다. 우와! 커다란 돔이 밝게 빛을 발하고 있었는데 돔 전체가 QR코드로 덮여 있었다. 스마트 기기를 QR코드에 갖다 대자 계획도시에 관한 보다 구체적인 내용이 동영상과 함께 흘러나왔다.

베네치아 건축 비엔날레 러시아관. 오른쪽은 핀홀

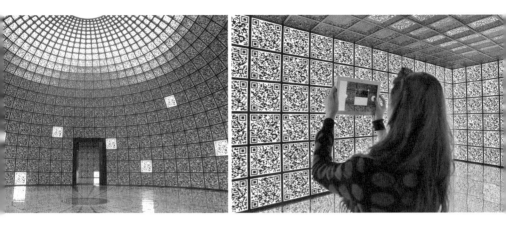

베네치아 건축 비엔날레 러시아관 QR코드와 인터페이스

21세기 문화를 주도할 인터페이스

러시아관을 나와 프랑스관, 영국관, 미국관, 캐나다관 그리고 지금은 기억나지도 않는 많은 국가관들과 주제관들을 뛰다시피 훑었다. 그리고 행사장을 나와 아슬아슬하게 공항행 배에 올랐다. 이제 발로 뛰는 일은 그만해도 되니 배 난간에 기대 수평선을 바라보며 차분히 그날 하루 전시장에서 경험한 것을 정리해봤다. 말로만 듣던 베네치아 건축 비엔날레에 오길 잘했다는 생각이 들었다. 이럴 때 아니면 언제 또 오겠나. 그런데 가만 있자, 건축 비엔날레에서 건축물은 별로 보지 못했다. 일본관에서 본 후쿠시마 원전 사고로 폐허가 된 지역에 세워질 소위 '에코' 빌리지가 기억에 남는 거의 유일한 건축물이었다. 건축물들은 다 어디에 갔을까?

건물은 인간에게 주거 환경을 제공한다. 그런데 주거 환경이 물리적인 건물만으로 이루어진 것은 아니다. 인간을 둘러싸고 있는 정보 역시 중요한 주거 환경 중의 하나다. 건축 설계에서 어디에 어떤 정보를 배치하고 인간에게 그 정보를 어떻게 제공하느냐가 앞으로 건축 설계에서 점점 더 중요해질 것이다. 이런 관점에서 보면 베네치아 건축 비엔날레 러시아관은 미래에는 건물 전체가 인간에게 정보를 제공하기 위한 일종의 인터페이스 역할을 할 것이라는 점을 상징화한 쇼케이스라고 볼 수 있다. 다른 국가관이나 주제관들 역시 건물 자체가 각종 데이터와 정보를 처리해서 보여주는 인터페이스임을 시사하고 있었다.

너무 어렵게 생각할 것 없다. 아침에 화장실에 앉아 밤 사이에 들어온 주요 뉴스가 화장실 벽에 디스플레이되는 것을 보게 되고, 변기가 저절로 소변 검사를 해서 건강 데이터를 보내주고, 냉장고 문이 아침 식단을 제안해주고, 화장대 거울은 내 일정과 날씨를 감안해서 입을 옷을 추천해준다. 그리고 내가 관심 있는 경제지표나 해야 할 일 등이 단순히 숫자나 문자로 제공되는 것이 아니라 심미적으로 아름답고, 심리적으로도 부담 없는 하나의 예술 작품으로 승화되어 제공될 것이다.

이런 상황의 변화를 미디어아트 이론가 레프 마노비치Lev Manovich는 다음과 같이 정리했다. "19세기 문화는 텍스트가 주도했고, 20세기 문화는 이미지가 주도했다. 그런데 21세기 문화는 인터페이스가 주도할 것이다."

　나 역시 오래전에 이런 기운을 감지했다. 1999년에서 2000년으로 넘어가던 어느 날, 해외여행 중인 나에게 어느 기업으로부터 연락이 왔다. 기업의 신축 사옥에 들어갈 작품을 하나 제작해달라는 것이었다. 내 생각의 시작은 이랬다. 건물과 사람 사이를 매개하는 인터페이스로 작품을 보자. 만일 건물이 인간과 같이 지능을 갖고 있다면 건물도 인간처럼 자기 자신에 대해 말하고 싶은 것이 있을 것이다.

　건물이 가장 자랑하고 싶은 게 뭘까? 그 건물 안에 들어 있는 각종 장비? 건물 안에서 일하는 직원들? 건물 깊숙이 보관된 현금과 증권? 아니다. 가장 가치 있는 것은 바로 그 건물 내에서 처

108개의 모니터로 구성된 디지털 모자이크

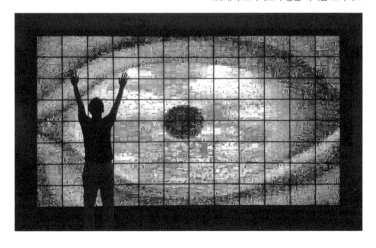

리되고 저장되는 각종 정보일 것이다. 이런 정보들을 예술적으로 가공해서 첨단 디스플레이로 보여주자고 했다. 시도는 좋았으나 현실적으로 내 아이디어를 실현하는 데는 문제가 있었다. 이 세상 어느 기업이 자신이 보유하고 있는 핵심 데이터를 공개한단 말인가?

데이터 자체를 직접 디스플레이하려는 것이 아니라 예술적으로 가공해서 보여줄 거라고 설득했지만 결국 내 제안은 받아들여지지 않았다. 그 대신 이 디스플레이는 수만 개의 사진 조각들로 구성된 디지털 모자이크 영상을 방문객들에게 선사했다. 어느 날, 미국 공군사령부 연구개발을 책임지고 있는 인물이 이 작품을 보고 나를 미국 공군사령부에 초대하기도 했다. 예술 작품이 본의 아니게 군사 분야에 활용될 가능성을 보여준 특이한 경우였다.

데이터 아트의 탄생

어느 시대나 예술가들은 당대 삶의 정수를 예술 작품으로 표현해왔다. 그런데 인물, 건물, 도시, 자연 등 외형적인 것보다 정보와 데이터가 현대인의 복잡한 삶을 더 잘 나타내는 시대가 됐다. 따라서 정보와 데이터가 예술가들의 작업 대상이 되는 것은 너무나도 당연하다. 이제 정보나 데이터, 특히 엄청난 규모의 빅

데이터를 예술적으로 변환하는 데이터 아트는 조금씩 주류 예술에 접근하고 있다.

이미 뉴욕현대미술관에서는 대규모 데이터 아트 기획전을 개최한 바 있다. 파리 퐁피두센터로 유명한 렌조 피아노Renzo Piano가 설계한 〈뉴욕타임스〉 본사 건물 로비에는 무려 560개의 작은 모니터로 구성된 데이터 아트가 상설 설치되어 방문객을 맞는다. 신문사는 대표적인 정보 생성 기관이다. 이 작품은 160년간 축적된 신문사 데이터베이스에 첨단 알고리즘을 적용해 현대 사회를 묘사하는 짧은 구절이나 문장을 자동 생성해서 보여주고 있다. 내가 갔을 때 읽은 구절 중 가장 기억에 남는 문장은 이것이었다. "이 세상은 왜 이렇게 복잡해야만 하는 거야?"

사실 이런 구절을 자동 생성해내는 이 데이터 아트 작품 자체도 복잡함의 극치다.

〈뉴욕타임스〉 본사 로비

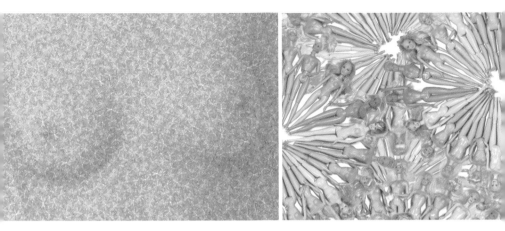

크리스 조던의 데이터 아트 작품

크리스 조던Chris Jordan은 내가 좋아하는 데이터 아트 작가다. 그는 특히 범죄율, 청소년 흡연 문제, 외모 중심 사회의 폐단, 서민 경제의 붕괴, 환경 파괴와 같은 무거운 사회 이슈들을 재치 있게 작품화하고 있다.

사진 속 작품은 멀리서 보면 단순히 여성의 유방 같지만 작품에 가까이 다가가면 바비 인형을 촘촘히 배치한 것이 보인다. 이 작품은 미국에서 한 달 사이에 발생한 유방 확대 수술 수만큼 바비 인형을 배치한 것이다. 3만 2000이라는 단순 숫자보다 훨씬 실감 날 것이다. 비현실적인 신체 비율을 가지고 있는 바비 인형. 어렸을 때부터 바비 인형을 이상적인 아름다움으로 알고 자라는 전 세계의 어린 소녀들. 이 어처구니없는 상황을 꼬집은 작품이다.

디지털 자화상

혹시 자기 자신의 얼굴을 그려본 적이 있는가? 자화상을 그릴 만한 실력이 안 된다고? 그렇다면 셀카는 찍어봤을 것이다. 내가 보는 나의 얼굴은 어떤가? 나의 본질과 특징이 잘 나타나는가? 자화상은 중요한 회화 장르의 하나다. 화가의 셀카 작품이라 할 수도 있다. 렘브란트는 가장 많은 자화상을 남긴 화가일 것이다. 20세부터 시작해서 임종 직전인 63세까지 80점 넘는 자화상을 그렸으니까 말이다.

내 서재에는 렘브란트의 자화상 30여 점을 합성한 사진 한 장이 있다. 동일한 인물이지만 청년기의 눈에는 자신감과 총기가 넘쳐흐른다. 중년기 얼굴에선 약간의 거만함과 풍족감이 느껴진다. 반면 노년기 얼굴엔 내면의 복잡함과 더불어 슬픔이 가득하다. 이 사진을 서재에 걸어놓은 이유는 마치 과거와 현재와 미래의 나 자신을 보는 것 같기 때문이다.

아티스트 니컬러스 펠턴Nicholas Felton은 매년 자기 자신에 관해 연차보고서를 내놓는다. 한 차례 예외가 있었다. 2010년 연차보고서는 자신이 아니라 자기 아버지의 일생을 다뤘다. 그의 보고서에는 각종 그래프와 도형과 도표가 가득하다. 일 년간 모아둔 자신의 행동과 생활의 모든 기록—대화, 이메일, 이동 궤적, 날씨, 경제 활동 등—을 데이터 아트로 작품화한 것이다. 자신의 정체성을 제3의 시각에서 객관적으로 묘사한 디지털 자화상이

렘브란트의 자화상

니컬러스 펠턴의 연차보고서

라고 할 수 있다.

이런 방법과 기술이 좀 더 성숙되면 우리 같은 일반인도 자기 자신에 대해 더 잘 알게 될 것이다. 댄 가드너Dan Gardner라는 작가의 말대로, 빅데이터는 우리가 우리 자신에 대해 알고 있는 것보다 우리를 더 잘 알고 있다. 자신을 좀 더 잘 아는 것은 좋은 것이다. 왜냐하면 타인을 이해하기 위해서는 자기 자신부터 이해해야 하니까 말이다.

현실과 상상의 경계,
무한대의 미학

만일 인간의 감각의 문이 활짝 열린다면
무한대를 포함해서 모든 것이 있는 그대로 보일 것이다.

윌리엄 블레이크 William Blake

16

프랑스 남부 지중해 해안에 10대 소년 세 명이 나란히 앉아서 바다를 바라보며 이야기를 하고 있었다. 그러다 문득 재미있는 아이디어가 떠올랐다. 세 명이 세상을 나누어 갖기로 한 것이다. 한 소년이 먼저 입을 열었다. 나는 모든 대륙을 가질 거야. 이 소년은 나중에 커서 예술가가 됐다. 두 번째 소년이 응답했다. 나는 이 세상에 있는 모든 글자를 가질 거야. 당연히 이 소년은 시인이 됐다. 마지막 남은 한 명이 외쳤다. 나는 끝없이 펼쳐진 파란 하늘을 가질 거야. 실제로 이 소년은 나중에 하늘과 무한대를 소유하게 됐다.

이 소년의 이름은 바로 이브 클랭Eves Klein이다. 1960년대를 주름잡은 예술가인 그는 단 한 가지 색만 사용했다. 당연히 파란색이다. 그리고 그는 자기가 만든 색을 특허 출원했다. 오늘날 인터내셔널 클랭 블루International Kein Blue로 알려져 있는 색이다.

이브 클랭의 전시회

　사실 여기에는 약간의 오해가 있다. 자연계에 존재하는 것을 처음 봤다고 해서 특허를 받을 수는 없다. 만일 그게 가능하다면 에베레스트 산, 남극 대륙 그리고 은하계 저 넘어 새로 발견한 별들도 특허를 받고, 사용권을 라이센싱할 수 있을 것이다. 실제로 클랭이 받은 특허는 컬러 그 자체가 아니라 컬러를 만드는 프로세스에 관한 것이었다.

　언젠가 그는 커다란 갤러리 전체를 자신의 색으로 칠했다. 전시 제목은 '보이드Void', 번역하자면 '빈 공간' 정도가 될 것이다. 작품이라곤 하나도 없는 텅 빈 갤러리를 본 관객들은 불평을 터뜨렸으나, 그의 의도는 제한된 공간에서 무한대의 공간을 연출하는 것이었다.

무한 호텔 이야기

무한한 것, 무한히 큰 것, 무한히 작은 것. 현실과 상상의 경계에 있는 이런 것들은 오랫동안 수학자들을 괴롭혔다. 이에 관한 패러독스도 많다. 그중 가장 유명한 것이 '힐베르트 호텔Hilbert's Hotel' 패러독스, 즉 객실이 무한히 많은 어느 호텔 이야기다.

어느 날 호텔의 모든 객실이 만원이 됐는데, 힘 있는 정치인 한 명이 오더니 방을 내놓으라고 한다. 고민하던 호텔 지배인에게 한 가지 묘안이 떠오른다. 1호 손님을 2호로 옮기고, 2호 손님을 3호로 가라고 하고, 이렇게 하나씩 밀리면 1호 방이 비게 된다. 이 빈 방에 정치인을 넣으면 된다. 실제 세계에는 객실 수가 무한대로 많은 호텔은 없다. 객실 수가 한정되어 있기 때문에 마지막 방에 투숙한 사람을 내보내야 한다. 그러나 객실 수가 무한대로 많다면 끝없이 방 하나씩 밀리도록 조정하는 것이 가능할 것이다. 이 상황이 잘 이해가 안 될 수도 있다. 그래서 내가 뭐라고 했나? 패러독스라고 하지 않았나.

무한대의 세계에서는 우리의 상식이 통하지 않는다. 1, 2, 3… 이 세상 모든 자연수를 모아놓은 보따리가 있다. 그리고 2, 4, 6… 이 세상 모든 짝수를 담은 보따리가 있다. 둘 다 무한히 많은 숫자를 가지고 있는데, 어느 보따리에 숫자가 더 많이 들어 있을까? 상식적으론 자연수 보따리가 짝수 보따리보다 2배 크게 보일 것이다. 만일 홀수 보따리가 있다면 이걸 짝수 보따리와 합칠 경우 자연수 보따리와 똑같아질 테니 말이다.

그런데 이론적으론 자연수 보따리의 크기와 짝수 보따리의 크기가 동일하다. 어째서 이런 일이 가능한가? 여기서 우리가 명심할 것이 있다. 무한대는 숫자가 아니라 개념일 뿐이다. 이렇게 알다가도 모를 무한대의 개념을 수학적으로 정착시키면서 20세기 들어 소위 현대수학이 발전하게 됐다.

'뫼비우스의 띠'에서 《바벨의 도서관》까지

무한대라는 것이 숫자가 아니라 콘셉트라고 한다면, 나의 콘셉트와 너의 콘셉트는 다를 수 있을 것이다. 그러니까 무한대는 과학이라기보다는 문화적 요소가 더 강하다고 볼 수 있다. 실제로 19세기 초부터 19세기 중반까지 유행했던 낭만주의는 무한대를 아름다움의 핵심 요소로 삼았다. 생각해보라. 산업혁명의 합리주의와 계몽사상의 이성을 넘어서 개인의 감성, 초월적인 존재, 고독한 천재, 자연의 신비 등의 비이성적인 측면을 다루기에 무한대만큼 좋은 개념이 또 있을까?

앞서 소개한 《프랑켄슈타인》의 저자 메리 셸리의 남편인 퍼시 셸리는 당시에는 부인보다 더 유명한 문학인이었다. 그의 시에도 이런 대목이 나온다. "우리 영혼이 한계가 없듯이…" 우리 영혼 혹은 마음을 무한대에 비유한 첫 문학 작품이지 않을까.

윌리엄 블레이크, 〈야곱의 사다리〉

낭만주의 화가이자 시인이었던 윌리엄 블레이크 역시 비이성적인 세계와 초월적인 존재를 그림으로 묘사하고 시로 남기기도 했다. 그의 시는 구체적으로 무한대를 묘사한다. "무한대를 손에 쥐고…." 회화 작품 〈야곱의 사다리〉에서 그는 일직선의 사다리가 아니라 나선형의 사다리로 지상과 하늘을 연결함으로써 무한대의 아름다움을 극적으로 표현하고 있다. 역시 앞서 언급한 독일 낭만주의 화가 프리드리히의 그림에는 무한대를 상징하는 수평선과 지평선이 자주 등장한다. 그의 그림에 등장하는 인물들은 하나같이 무한대를 응시하고 있다.

재미있는 수학적 사실이 하나 있다. 만일 지구가 평평하다면 그리고 우리의 시선이 곧게 정면을 바라본다면, 수평선이나 지

카스파르 다비트 프리드리히, 〈바다 위로 떠오르는 달〉

평선의 위치는 아무리 높은 곳에서 내다봐도 변하지 않고 동일한 선상에 보인다. 그러니까 해변에서 바다를 바라보나, 해발 3000미터 꼭대기에서 바다를 바라보나 수평선의 위치는 우리 시선의 정중앙에 가로로 일직선을 형성하는 것이다.

20세기 들어 불가사의하다 했던 무한대의 실체가 벗겨지면서 무한대를 과학이라는 프레임 안에서 다룰 수 있게 됐다. 당연히 예술계에서도 이를 수용할 수밖에 없었다. 에셔를 빼고 무한대를 이야기할 수 없다. 그는 뫼비우스의 띠를 소재로 하여 직접적으로 무한대를 묘사하기도 하고, 같은 뫼비우스의 띠라도 흰 백조와 검은 백조가 환상적으로 교차하는 무한대를 만들어내기도 했다.

무한대를 보여주는 그의 가장 유명한 작품은 계단을 오르내리는 군상들을 묘사한 〈오름과 내림〉이란 그림이다. 그의 그림들은 대학교 수학시간에 위상기하학 개념을 설명할 때 자주 사용되기도 한다. 물론 에셔는 현대수학을 마스터하긴커녕 그런 게

마우리츠 코르넬리스 에셔, 〈뫼비우스의 띠〉   에셔, 〈검은 백조와 흰 백조〉

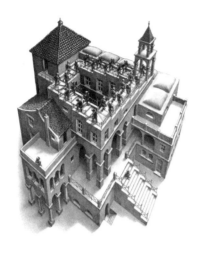

에셔, 〈오름과 내림〉

있는지도 몰랐다. 그럼에도 불구하고 동시대를 사는 모든 사람들은 무의식적으로 과학적 개념과 원리를 마음속에 지니고 있다. 이런 현상을 과학적 시대정신이라고 한다.

문학은 다른 어떤 예술 장르보다 무한대와 과감하게 정면으로 맞선다. 아르헨티나의 작가 호르헤 루이스 보르헤스Jorge Luis Borges의 단편 《바벨의 도서관》을 보자. 이 도서관은 세상의 모든 책을 소장하고 있다. 여태까지 출판된 책들만이 아니라 앞으로 나올 책들도 여기서 열람할 수 있다. 당신이 지금 이 순간 읽고 있는 이 책도 바벨의 도서관 어딘가에 진열되어 있을 것이다. 도대체 몇 권이나 소장되어 있을까? 책의 쪽수가 무한대가 아니라면(이를테면 모든 책은 400쪽 이내), 장서의 숫자는 유한하다. 엄청나게 많을 테지만 말이다. 자, 이제 당신이 원하는 책을 찾아보자. 이들 책 중에는 이 도서관에 비치된 모든 책의 위치를 기록한 책도 어디엔가 있을 것이다. 그렇다면 그 책은 어떻게 찾을 수 있나? 그 책의 위치를 기록한 또 다른 목록 책이 있어야 할 거다. 이런 논리라면 이 도서관에는 무한히 많은 목록 책이 있을 터이고 따라서 세상의 책은 유한할 수 없다.

《바벨의 도서관》은 언어의 얽힘에 의해 무한히 생성되는 세계를 은유하고 있다. 사람들은 궁극적인 지식, 즉 이 '모든 책들의 목록'을 찾는 모험 속에서 인생을 탕진할지도 모르지만, 그럼에도 누군가는 그 책을 발견하는 축복을 누리기를 기원한다. 그래서 저자는 말한다. "나는 고독 속에서 이 아름다운 기다림으로 가슴이 설렌다." 수평선을 바라보는 사람의 뒷모습을 그린 프리드리히의 그림과도 맥이 닿는다.

일상 속의 무한대

무한대는 숫자가 아니라 개념이라고 했다. 그렇다면 무한대는 볼 수도, 느낄 수도 없다는 말인가? 그렇지는 않다. 앞서 소개한 클랭의 전시에서와 같이 정교하게 세팅된 상황에서 무한대를 체험할 수도 있겠지만, 무한대는 의외로 우리 가까이에 있다. 몇 가지 예를 들어보자.

DSLR로 사진 찍기 똑딱이 카메라에 만족하지 못하는 많은 사람들이 초점과 노출을 수동으로 조정하는 DSLR 카메라를 선호한다. 그런데 DSLR 렌즈통을 보면 초점 거리가 새겨져 있다. 내가 애용하는 줌렌즈에도 거리가 표기되어 있다. 0.7미터, 1미터, 1.5

미터, 3미터 그리고 무한대. 렌즈라는 것은 빛을 모으는 장치다. 피사체의 한 점에서 나오는 빛이 렌즈를 통해 필름 위 정확히 한 점에 모여야 깨끗한 영상을 얻을 수 있다. 렌즈에서 필름까지의 거리를 초점거리라고 하는데, 피사체의 거리가 가까울수록 초점거리가 예민하다. 반대로 먼 물체의 경우, 초점거리에 크게 영향 받지 않고 비교적 깨끗한 영상을 얻을 수 있다. 내 렌즈의 경우, 3미터 밖은 무한대로 취급하는 것이다. 카메라를 들고 원경을 촬영할 때마다 무한대를 경험한다고나 할까.

대중가요 어렸을 때 한 가지 걱정이 있었다. 내가 걱정할 일은 아니지만, 이렇게 많은 가요가 계속해서 전 세계에서 쏟아져 나오고 있다면 언젠가는 노래가 바닥나지 않겠냐는 것이었다. 그렇게 된다면 대중가요 시장은 사라질 것이고, 모든 가요가 클래식이 될 거라는 쓸데없는 걱정이었는데, 이건 기우에 불과했다. 무한대의 이론을 적용하면 대중가요의 숫자는 무한대에 가깝다. 아니, 무한대로 많다. 그러니 앞으로도 신인 가수는 계속 나올 거고, 새로운 가요는 끊임없이 발표될 것이다.

운전 언젠가 렌터카를 빌려 미국 동부에서 서부까지 자동차 횡단을 했다. 동부의 복잡한 트래픽을 뚫고 애팔래치아 산맥을 넘어, 중서부 옥수수밭을 거쳐 로키 산맥을 뒤로하면 광대한 사막이 가로놓인다. 인간이 만든 것이라곤 사막 한복판을 가로지르는 직선 도로뿐이다. 그러니까 눈에 들어오는 것이라곤 지평선, 왼편 차선, 오른편 차선의 세 개의 직선뿐이며, 이 광경은 차를 아무리 달려도 변하지 않는다. 왼편 차선과 오른편 차선은 지평선상의 한 점에서 만나는데 내가 직선 주행을 하는 한 그 위치에 그대로 있다. 이걸 소실점vanishing point이라고 한다.

선원근법 이론에 의하면 두 개의 평행한 직선은 실제 공간에서는 절대 만나지 않지만 화면에서는 한 점에서 만나게 되어 있다. 물론 지구는 둥그니까 엄밀한 의미에서 소실점을 볼 수 있는 건 아니지만, 그래도 내가 사는 복잡한 세상에서 무한대를 경험하면서 세상을 품어볼 수 있는 좋은 기회였다.

연인들의 사랑 젊은 남녀의 사랑은 이루어지든, 이루어지지 않든 아름답다. 그래서 수많은 대중가요와 소설과 시가 남녀의 사랑을 다룬다. 사랑과 가장 친근한 단어를 꼽으라면 두말할 것 없이 '영원' 혹은 '무한'이다. 불행하게도 당사자에게는 시공간적으로 무한할 것 같던 사랑이 시간이 흐르면서 '조건부'와 '시한부'로 바뀌고 얼마 지나지 않아 '망각'이란 '영원한' 상태로 변한다. 그럼에도 불구하고 한 번쯤 '영원히 변치 않을' 사랑을 해본 경험이 있는 분이라면 수학적 '무한대'가 어떤 건지 조금은 이해할 수 있을 것이다.

내 강의 중 '문화기술론'이라는 수업이 있다. 대학원 과정 수업인데, 이공계 학부생들뿐 아니라 인문사회계, 디자인계, 심지어 예술 전공 학부생들도 수강한다. 이렇게 다양한 전공 배경을 가진 학생들을 가르칠 때 가장 어려운 점은 심오한 과학적 개념을 어떻게 거부감이 들지 않도록 설명하느냐 하는 것이다.

무한대 개념도 그중 하나다. 그래서 나만의 방법을 개발했다. 먼저, 학생들의 관심을 끌기 위해 앞서 설명한 사례와 같은 몇 가지 실례를 보여준다. 그런 다음 과학적 측면에서 그 핵심을 간단히 설명한 뒤 학생들에게 숙제를 내준다. "무한대의 핵심을 가장 잘 나타낸 예술 작품을 찾아라. 시, 소설, 회화, 건축, 음악, 상관없다. 이왕이면 학생 스스로 작품을 만들어라." 나중에 학생들의 작품을 감상하면서 담당 학생의 해설을 듣고 내가 총평을 하는 걸로 이 수업은 끝난다.

그중 자신의 이름을 무한대라고 밝힌 학생이 제출한 작품을 소개한다. 제목 역시 당연히 〈무한대〉다.

어린왕자, 에피소드 No. 무한대

어린왕자: 우리 같이 산책할까?

여우: 좋은 생각이야. 그런데 어디까지 산책할 건데?

어린왕자: 자, 우리가 같은 방향을 바라보고 평행으로 걷기 시작할 거야. 그렇게 한 방향을 향해 계속해서 걷다보면 어느 순간 우리의 몸이 부딪히는 순간이 오겠지. 우리 그때까지 한번 걸어보자.

여우: 과연 그런 순간이 올까?

어린왕자: 나도 잘 모르겠어. 나는 단지 그때까지 같은 방향을 바라보고 너와 함께 걷고 싶을 뿐이야.

이 작품은 내가 가장 좋아하는 무한대의 묘사다. 머릿속으로 앞에 묘사된 장면을 상상해보자. 어린왕자와 여우는 일정한 거리를 두고 나란히 길을 떠난다. 이 둘은 그들의 희망과는 달리 무한히 평행선을 그리며 영원히 만나지 못할 것이다. 그러나 이 광경을 바라보는 제3자의 입장에서는 이 둘은 조만간 소실점에서 만나게 되어 있다. 2차원에서는 만나지만 3차원에서는 영원히 만나지 못한다는 매우 슬픈 작품이다.

어느
화가와의
대화

과학은 설명하는 반면 예술은 도발한다.

조르주 브라크 Georges Brague

17

베이징에서 한 시간 남짓 차를 달려 어느 외곽 작은 마을로 들어섰다. 오래전부터 가난한 예술가들이 자체적으로 모여 작업하던 촌락이었는데 최근에 중국 정부에서 체계적으로 재개발하고 있는 예술인촌이다. 마을 입구에는 액자와 그림 재료를 파는 상점들이 즐비하다. 길 옆은 싸구려 그림들과 모조 골동품들을 내다 파는 행상들이 차지하고 있다. 마을로 들어가니 크고 작은 갤러리들이 눈에 들어온다. 차는 몇 차례 골목을 돌다가 육중한 철문이 길을 막고 있는 막다른 길로 들어서서 멈추었다. 베이징 시내는 그런대로 교통질서가 잡혀 있으나, 시외로 나가면 불안하기만 하다. 신호등 지키는 건 고사하고 중앙선도 예사로 넘나드니 말이다. 중국에서 한참 잘나가는 화가 웨민쥔이 자기 작업실로 초청하지만 않았어도 잘 알려지지 않은 이런 외곽 지역으로 오는 일은 없었을 것이다.

사실 내가 방문한 이 예술인촌 말고 베이징에는 더 유명하고 잘 알려진 예술거리가 있다. 798구역으로 알려진 그 거리는 쉽게 말하면 서울 인사동과 비슷한 곳이다. 다만 규모로 보면 인사동 열 배쯤 될 것이다. 인사동도 그렇듯, 798구역은 이미 지나치게 상업화된 탓에 예술가들이 둥지 틀고 작업하기에는 너무 사치스러운 곳이 됐다. 이런 문제를 해결하기 위해 중국 정부는 베이징 외곽에 새로운 예술단지를 조성하고 예술가들을 입주시키고 있다. 물론 이 예술인촌도 '메이드 인 차이나'답게 세계에서 가장 규모가 크다.

예술가의 고민

매스컴 기자들과 인터뷰하고 있던 웨민쥔岳敏君은 나를 반갑게 맞아주었다. 사실 웨민쥔을 만난 것은 이번이 처음이 아니었다. 우연

웨민쥔의 스튜디오

히 어느 재중 한국인 사업가를 통해 그를 알게 됐다. 처음엔 그가 카이스트의 내 연구실을 방문했고, 그다음에는 내가 베이징 아트페어에 작품을 전시했을 때 전시장 부근 어느 카페에서 두 번째로 만난 적이 있다. 이번이 세 번째다.

웨민쥔의 예술세계는 소위 '냉소적 사실주의'라는 단어로 축약된다. 찢어질 듯 크게 입을 벌린 채 웃고 있는 남자 군상. 그런데 그 웃음은 어색하고 슬프고 얼어붙어 있다. 웨민쥔은 이 아이콘 하나로 그의 존재를 세상에 알렸고 이제 그는 세계적인 작가로 인정받고 있다. 그런 그가 최근에는 새로운 영역을 탐색 중이다. 그의 스튜디오엔 그런 고민의 흔적이 배어 있었다. 우리는 통역을 중간에 두고 마주 앉았다. 그리고 장시간에 걸쳐 불편하지만 진지하게 대화를 진행해 나갔다.

나: (벽에 걸린 작품을 가리키며) 스크린 세이버 아닌가? 컴퓨터를 자주 사용하나?

웨민쥔: 아니, 잘 사용하지 않는다.

나: 그런데 왜 스크린 세이버를 작품화했나?

웨민쥔: 컴퓨터는 거의 사용하지 않지만 관심은 아주 많다.

나: 그게 무슨 말인가?

웨민쥔: 컴퓨터도 책을 읽을 수 있는가?

나: 갑자기 웬 책? (통역을 보면서) 혹시 잘못 통역한 거 아닌가?

웨민쥔: 그림 그리는 시간 외의 시간에는 책을 읽는다. 컴퓨터도 나

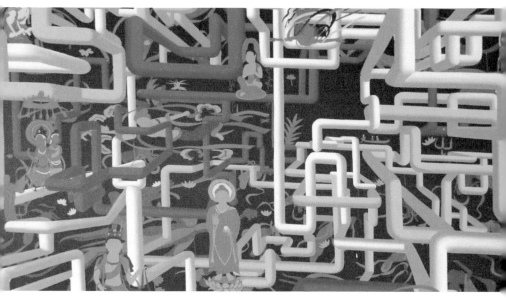

웨민쥔의 스크린 세이버 작품

처럼 책을 읽는다면 그림도 그릴 수 있지 않을까?

나: 책을 디지털 파일로 바꿔서 저장할 수는 있지만 컴퓨터가 책

내용을 이해할 수는 없다.

웨민쥔: 그래도 컴퓨터가 책에 반응해서 그림을 그릴 수 있지 않

나?

나: 글쎄, 이해하지 못하고 그린 그림이 의미가 있을까?

웨민쥔: 책을 읽었는데 이해하지 못할 이유가 있나? (스크린 세이버

를 가리키며) 저것도 컴퓨터가 그린 걸 내가 참조한 것이다.

이쯤 되자 나는 매우 피곤해졌다. 과학자답게 종이를 꺼내

0001110010101… 바이너리 숫자를 적으면서 컴퓨터 작동 원리를 설명하기 시작했다. 웨민쥔이 내 설명을 이해하든 말든. 한 가지 확실한 건 통역자가 내 설명을 이해하지 못했다는 사실이다. 내 장황한 설명을 웨민쥔에게는 불과 서너 구절로 축약해서 전해주었으니까 말이다. 어쨌든 나의 컴퓨터 입문 강의 후에도 우리의 대화는 계속됐다.

나: (다소 의기양양한 표정으로) 봐라. 데이터와 지식은 다른 것이다. 데이터를 처리한다고 해서 이해했다고 할 순 없다. 그런 걸 전문적으로 연구하는 분야를 인공지능이라고 한다.

웨민쥔: 그럼 컴퓨터는 꼭 이해해야 그림을 그리나? 컴퓨터가 그린 그림이나 영상이 많던데, 그건 컴퓨터가 그린 게 아닌가?

나: (할 말을 잃고 멘붕 모드에 가까워졌다.)

웨민쥔: 글쎄, 내가 생각하는 컴퓨터는 네가 생각하는 컴퓨터와 다른 것 같다. 내가 설명할테니 들어봐라.

그리고 화가답게 종이에다 100101110010… 바이너리 숫자를 그리면서 자신이 생각하는 컴퓨터의 작동 원리를 열정적으로 설명하기 시작했다. 사실 나는 그와 컴퓨터 이야기를 하러 온 게 아니었기에 대화가 이상한 방향으로 흘러가는 것에 대해 짜증이 나기 시작했다. 게다가 이번에도 역시 통역자는 나에게 웨민쥔의 컴퓨터 강의를 자기 버전으로 매우 짧게 재강의해주었다.

웨민쥔: 우리 그러지 말고, 바다 이야기를 하자. 나는 바다가 좋더라.

나: (통역에게) 갑자기 웬 바다? 당신 혹시 잘못 통역한 거 아닌가?

웨민쥔: 컴퓨터로 바다를 표현할 수 있겠는가?

나: 한마디로 답하기는 어렵다. 어떤 바다냐에 따라 답은 다를 수 있다. 네가 그린 그림같이 진짜 바다와 구별할 수 없을 정도로 똑같이는 어렵겠지만, 바다처럼 보이게 만들 수는 있을 것이다. 어느 정도로 사실적인 바다를 원하는 건가?

웨민쥔: 아니, 내가 원하는 것이 아니고 당신이 생각하는 바다를 그려보라는 것이다.

나: 바다만 있으면 허전하지 않을까? 하늘은 당연히 있어야 할 테고, 뭐, 배나 사람, 해변, 이런 것들도 들어가야 하지 않을까?

웨민쥔: 다른 건 없어도 된다. 당신 주장대로 컴퓨터라는 게 그다지 똑똑하지 않다고 한다면, 바다도 최소한 컴퓨터 정도의 감각과 지능은 갖고 있지 않겠나. 그런 바다가 책을 한 권 읽는다. 바다는 분명히 책의 내용에 영향을 받을 것이다. 이걸 컴퓨터 영상으로 표현할 수 없을까?

나중에 알게 됐지만 웨민쥔은 고등학교 졸업 후 석유 회사에 들어가서 배를 타고 노동을 하며 청년 시절을 보냈다. 그 당시 바다가 그의 유일한 말 상대였을지도 모르겠다. 그래서 그는 자신과 대화했던 바다와 컴퓨터로 재현한 바다와의 차이를 확인하고

싶었던 것 같다.

　나 역시 웨민쥔을 위해 작업하는 처지는 아니었으므로 그와의 대화는 내 일상에서 큰 비중을 차지하지 않았다. 그럼에도 지속적으로 그와의 약속을 조금씩 실행해 나갔다. 그로부터 일 년 후, 나는 다시 한번 그의 스튜디오를 방문하게 됐다. 내 나름대로 생각해서 작업한 바다 시뮬레이션 프로그램과 함께. 내가 디자인한(나는 예술가가 아니므로 창작이란 단어보다는 디자인이란 단어가 더 적절해 보인다) 내 바다는 물 대신 글자들로 구성된다. 하늘에서 글자의 비가 내리면서 처음에는 공허한 스페이스가 글자들로 채워진 바다를 형성하고 바람에 따라 글자의 파도를 이룬다. 그의 스튜디오에서도 그가 작업 중인 바다 그림이 눈에 띄었다. 우리는 각자의 작업을 설명하려 하지 않았다.

　피카소와 함께 입체주의를 개척한 화가 조르주 브라크는 이렇게 말했다. 과학은 설명하는 반면, 예술은 도발한다고. 그 후 청다위에서 열린 토크 콘서트에서 둘이 함께 '과학자와 예술가의 동거'라는 제목으로 강연하는 걸로 우리의 이상한 프로젝트를 마감했다. 사실 마감이라는 단어도 적절치 않다. 우리는 프로젝트를 시작하지도, 끝내지도 않았다.

우리 안의 이중 잣대

웨민쥔은 베이징 시내에 커다란 음식점을 소유하고 있다. 거기서 식사하면서 나누었던 대화다.

웨민쥔: 화가는 작곡가에 비해 자기 권리를 제대로 인정받지 못하고 있다.

나: 무슨 말인가? 당신의 작품 가격은 수억, 수십억씩 하지만 아무리 히트한 곡도 수십억은 안 한다.

웨민쥔: 작곡자는 자신의 작품을 팔지 않아도 돈을 번다. 우린 작품을 팔아야 돈을 번다.

나: 그럼 당신도 장샤오강처럼 앱을 만들어라. 내가 기꺼이 도와주겠다. (장샤오강은 웨민쥔보다 더 잘나가는 중국 화가다. 그는 그의 작품집을 앱으로 만들어 인기를 끌었다.)

웨민쥔: 그래 봤자 컴퓨터 영상은 실제 작품과는 다르다. 작품과 작품의 사진은 완전히 다른 것이다.

나: 시각예술과 청각예술의 근본적인 차이지 않겠나.

웨민쥔: 글쎄, 아닐 수도 있다. 당신 같은 과학자가 화가들도 작곡

자처럼 돈 벌 수 있는 방법을 개발하면 좋겠다.

나: 그림 한 번 볼 때마다 돈을 내야 한다면 누가 그림을 보겠나?

웨민쥔: 인터넷에 내 이름을 치면 내 그림들을 초고해상도로 볼 수도 있고 무료로 다운받을 수도 있다. 대중가요로 치면, 그림 볼 때마다 돈을 내야 하는 거 아닌가.

나: 그래서 요즘은 디지털 워터마킹이라는 기술로 불법 다운로드나 복제를 차단하고 있다. 요즘은 창작자의 지적재산권이 철저하게 보호받는다.

문득 이 문제만큼은 내가 이중적인 잣대를 가지고 있다는 걸 깨달았다. 내가 만든 건 프로그램이든, 글이든, 영상이든, 강의 슬라이드이든, 타인이 무단으로 사용하는 것을 용납하기 어렵다. 반면 그 반대 경우에는 남의 것을 가져다 사용하는 데 크게 부담을 느끼지 않는다. 물론 고의적으로 타인의 지적재산권을 훼손하지는 않더라도 말이다. 요즘같이 거의 무한대의 자료로부터 무한정의 '컷 앤드 페이스트'가 가능한 상황에서는 오리지널의 개념부터 재정의해야 한다. 웨민쥔과의 만남은 인공지능에서부터 지적재산권까지 이래저래 나에게 많은 것을 다시 생각해보게 했다.

과학기술로 보는
패션

좋은 비즈니스는 좋은 예술이다.

앤디 워홀

18

내가 대학 다닐 때 섬유공학과
는 가장 인기 있는 학과 중 하나였다. 당시 우리나라는 국민소득
100달러의 농업국에서 벗어나려 발버둥치고 있었지만 제대로
된 산업이라곤 고작해야 섬유산업 정도였다. 그러다 보니 대학
졸업하고 취직할 만한 곳이 방직회사 정도였고, 따라서 방직회
사에 취직이 보장되는 섬유공학과가 인기 학과로 자리매김한 것
은 당연했다. 역사적으로 볼 때도 방직산업은 인류 최초의 제대
로 된 산업이었다. 르네상스의 시발점인 피렌체는 원료인 양털
을 수입해다 모직 천을 만들어 팔아 부를 축적했고, 산업혁명 역
시 신대륙에서 수입한 면을 원료로 천을 생산하는 방직산업에서
부터 시작됐다.

천을 제조하는 기본 원리는 고대 이집트 시대부터 지금까지
바뀌지 않았다. 실(원사)을 가로 세로로 엇갈려가면서 촘촘하게

짜나가는 것이다. 이걸 영어로는 위빙weaving이라고 한다. 충남 서천군에 있는 한산모시 체험장에 가면 이런 식으로 직접 천을 짜볼 수 있다.

천에 여러 색깔로 무늬를 넣는 것은 훨씬 더 고도의 기술을 필요로 한다. 미리 물감을 들인 실을 적재적소에 정확하게 집어넣어야 원하는 디자인이 나온다. 무늬가 없는 천은 조금만 연습하면 아무나 짤 수 있으나, 무늬가 들어가는 천은 웬만한 장인 아니면 엄두도 못 낸다. 자카르 이전까진 그랬다.

어떤 색깔의 실이 어떤 위치에 들어가야 하는지를 장인의 경험에 의존하지 않고 자동화하는 방법은 산업혁명 시대에 조제프 마리 자카르Joseph Marie Jacquard에 의해 개발됐다. 어떤 실이 어떤 순서대로 들어가야 하는지를 인간의 노하우에 의존하는 것이 아니라 기계가 자동적으로 결정하도록 미리 프로그램화하는 것이다.

이렇게 하면 방직기계는 특정한 한 가지 패턴만이 아니라 온갖 종류의 패턴을 짜낼 수 있게 된다. 방직기계는 실이 들어오는 순서를 표시한 프로그램을 읽은 후, 프로그램이 지정한 위치에 지정된 컬러의 실을 내려보내기만 하면 된다. 맞은편 그림에서 기계 윗부분으로 주입되고 있는 구멍이 숭숭 뚫린 길쭉한 종이 카드가 바로 프로그램이다.

내가 세상에 태어나 처음으로 프로그램을 배웠을 때, 프로그래밍한다는 것은 바로 이 천공카드라고 부르는 구멍 뚫린 카드들을 만드는 일이었고, 내가 만든 카드 데크를 컴퓨터 오퍼레이터에게 넘겨주고 접수증을 받은 후, 몇 시간 후에 프린터로 출력된 결과물을 받는 것이 바로 소프트웨어 개발 작업이었다. 물론 이 행위는 제사 의례 뺨칠 만큼 매우 엄숙하게 이루어졌다. 조금만 실수해서 천공카드에 구멍을 잘못 뚫거나 카드 순서가 바뀌면 몇 시간의 기다림이 허사가 되니 말이다.

컴퓨터가 방직기계와 유사한 것은 단순한 우연이 아니었다.

자카르 방직기

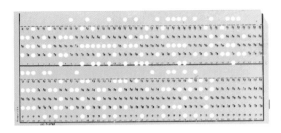
컴퓨터 천공카드

초기 컴퓨터

방직기계의 프로그램 기능, 즉 한 줄에 기재된 명령을 읽은 후 그 명령대로 수행하고 이것을 계속 반복하는 것을 참조해서 컴퓨터를 만들었기 때문이다. 실제로 초기 컴퓨터는 방직기계와 놀랍도록 닮았다.

컴퓨터의 기본 원리는 자카르 방직기계에서 빌려왔으나, 이제는 상황이 역전되어 현대식 방직기계는 컴퓨터 없이는 작동하지 않는다. 아니, 천을 짜는 방직뿐 아니라 의상을 디자인하고, 천으로 옷을 만들고, 만든 옷을 파는 모든 과정, 즉 패션 산업에 컴퓨터는 필수 요소가 됐다.

오늘날 첨단 기술에 기반한 회사들은 자사의 기술이 유출되지 않게끔 보안에 각별히 신경을 쓴다. 회사만이 아니라 국가 차원에서도 기술 보안 유지가 바로 자국의 산업 경쟁력을 좌우한다. 옛날에도 그랬다. 고려 시대 문익점이 중국으로부터 목화 씨를 숨겨온 것은 유명한 스토리다. 문익점은 우리나라에서는 국가 유공자이겠지만 중국 입장에서는 범죄자다. 산업혁명 시절, 방직기술은 첨단 기술이었다. 오늘날 미국이 첨단 기술과 첨단 무기에 대해 금수 조치를 취하고 있는 것처럼, 영국도 방직기술의 해외 기술 이전을 절대 허용하지 않았다.

이런 시대에 영국인 새뮤얼 슬레이터Samuel Slater는 아예 그의 머릿속에 방직기계 설계도를 집어넣고 미국으로 이민을 갔다. 그리고 미국에 도착하자마자 방직기계를 개발하여 한 자본가와 손잡고 방직회사를 세웠다. 그 후 순식간에 전세는 역전되어 미국이 세계 제일의 방직산업 국가로 떠올랐다. 오늘날 슬레이터는 영국에서는 '반역자 슬레이터'로 기억되고 있는 반면, 미국에서는 지금도 그의 업적을 기리고 있다. 그의 이름을 딴 도시 슬레이터빌도 있고 그가 세운 방직공장 주변은 문화재 보존 지역으로 지정되어 있다.

웨어러블 컴퓨터 시대

옷감만 있으면 뭐하나? 옷을 만드는 건 또 다른 기술이다. 천을 직사각형으로 자르고 가운데 머리가 들어갈 수 있게 큼지막한 구멍을 하나 내면 옷이 되긴 하지만, 기능적이면서 맵시 있는 옷을 만드는 건 전문성을 요구한다. 그런데 이 상황에 반전이 일어났다. 재봉틀이 등장한 것이다.

최초의 재봉틀은 19세기 초 프랑스의 한 재단사가 발명했으나 상용화되지 못했다. 동료 재단사들이 도시락을 싸들고 반대했기 때문이다. 그 후 30년이 지난 19세기 후반, 그 유명한 싱어Singer 재봉틀이 나왔다. 전문 패션 디자이너들이나 소유할 수 있었던 기계를 일반인들도 소유할 수 있게 됐다는 점에서, 싱어 재봉틀은 컴퓨터로 치면 마치 퍼스널 컴퓨터 같은 거다. 아마 지금도 할머니, 혹은 증조할머니가 시집 올 때 가지고 온 싱어 재봉틀을 아직 집에 가지고 있는 분들이 있을 것이다. 재봉틀은 가정의 필수품이 됐다.

재봉틀만 있다고 옷이 저절로 만들어지는 건 아니다. 마치 퍼스널 컴퓨터가 있어도 소프트웨어가 없으면 무용지물인 것처럼 말이다. 그래서 일반인들도 손쉽게 옷을 만들 수 있도록 정형화된 패턴(본)이 나오게 됐다. 패턴 봉투를 열면 패턴 종잇조각들이 나온다. 이걸 천에 대고 그대로 가위질한 후 재봉질하면 끝! 이제 누구나 옷을 만들 수 있게 됐다. 그러니까 패턴은 컴퓨터로 치면 소프트웨어에 해당한다고 볼 수 있다.

사회가 복잡해지면서 직접 옷을 만들어 입거나 자신의 체형에 맞는 옷을 주문해서 입는 문화는 점차 사라졌다. 조금 불만족

종이 패턴

스럽더라도 옷에 몸을 맞추어 입는 것이 별로 이상하지 않은 시대에 살고 있는 것이다. 이제 또 한 차례의 기술 발전이 상황을 재역전시킬 준비를 하고 있다.

온라인 쇼핑몰이나 쇼핑 채널에서 맘에 드는 옷을 발견했다고 하자. 클릭 한 번에 그 옷을 입고 있는 나 자신의 3차원 아바타가 화면에 뜰 것이다. 그리고 만일 원한다면 약간의 변형이나 옵션을 추가할 수도 있을 것이다. 주문 버튼을 클릭하면 내 체형 데이터가 판매처와 연동되어서 의상 제작에 들어가고, 며칠 후 내가 화면에서 본 그 의상이 내 집 현관 앞에 배달되어 있을 것이다. 혹은 주문할 필요도 없이 집에 있는 3D 프린터로 옷을 출력할 수도 있을 것이다.

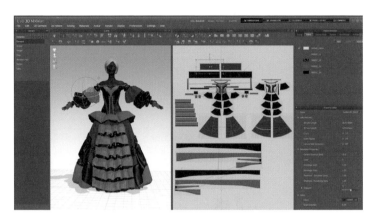

의상 시뮬레이션 소프트웨어 스냅샷

　　내 제자 중 한 명은 석사 과정 2년, 박사 과정 4년 동안 앞에서 묘사된 시나리오를 현실화시키기 위해 연구했고 졸업 후 바로 창업을 했다. 그의 회사에서 개발한 패션 디자인 소프트웨어는 세계 최고 수준을 자랑한다. 그럼에도 불구하고 그는 아직 큰 돈은 벌지 못하고 있다. 거대한 패션 산업에서 이미 정착된 작업 방식을 바꾸는 데는 오랜 시간이 필요하기 때문이다.

　　그가 개발한 소프트웨어는 의외의 장소에서 사용되고 있으니, 바로 할리우드 영화 제작이다. 요즘은 실제 인간 배우를 대신해서 디지털 배우가 출연하는 사례가 점점 늘고 있다. 이런 디지털 캐릭터가 걸치고 있는 의상 역시 실제 의상이 아니라 디지털 의상이다. 영화에서 실제를 빼닮은 디지털 캐릭터가 입고 있는 의상이 바람에 휘날리고 있다면 십중팔구 이런 의상 시뮬레이션 소프트웨어가 사용됐다고 보면 된다.

옷도 미디어가 된다

기술 발전은 의복의 정의 자체를 바꿔놓고 있다. 신체를 보호하고 자신을 표현하는 수준을 넘어서 이제 정보를 저장하고 운반하고 보여주는 미디어로 발전하고 있다. 의복이 미디어라니, 이게 무슨 말인가? 간단히 말하면 의복 자체가 스마트폰과 컴퓨터와 디스플레이를 겸한다고 보면 된다. 이렇게 되면, 옷을 입는다는 것은 곧 컴퓨터를 입는 것이 된다. 웨어러블 컴퓨터라고 불리는 이 개념은 최근 스마트 워치가 출시되면서 서서히 대중화되고 있지만, 과학기술계에서는 이미 1990년대부터 본격적인 연구가 이루어지기 시작했다.

미래에 우리는 어떤 컴퓨터를 입고 다니고, 우리 삶은 어떻게 바뀔까? 상상을 구체화하기 위해 웨어러블 컴퓨터 패션쇼를 연적이 있다. 그런데 얼마 후 학생 한 명이 찾아왔다. 갓 대학원에 입학한 학생이었다. "교수님, 저는 웨어러블 컴퓨터를 연구하고 싶습니다." 당시 기술 수준은 컴퓨터를 입고 다니기는커녕 들고 다니기도 무거울 정도였다. 패션쇼에서 본 것처럼 아름다운 모델이나 쿨한 디자이너와 함께 일하는 것이 아니라고 설명해도 막무가내였다. "그래, 연구라는 것은 어차피 미래를 상상하는 것이니 좋다. 해보자." 나는 그에게 설득당했다. 그 대신 한 가지 조건을 달았다. 졸업 전까지 2년 동안 잠잘 때만 제외하고 컴퓨터를 입고 다녀야 한다는 것이 그것이다.

웨어러블 컴퓨터 실험

무슨 기술을 개발해야 할지 목표가 확실하지 않을 때는 기술 개발에 앞서 이렇게 미래의 가능성을 찾는 시도도 필요하다. 그는 약속을 어느 정도 지켰다. 언젠가 며칠간 그가 보이지 않았다. 실험실 학생들에게 어떻게 된 거냐고 물었다. 무거운 컴퓨터를 짊어지고 다니다보니 허리에 통증이 생겨서 물리치료를 받고 있다고 했다. 지도교수로서 미안한 마음과 함께 책임감을 통감했다. 그는 나중에 이런 괴상한 차림을 하고 부산에서 개최된 아시안게임에 나타났다. 아시안게임과 같은 대규모 행사가 열릴 때 웨어러블 컴퓨터가 어떻게 활용될 수 있을까를 연구하기 위해서였다.

　과학기술은 삶의 3요소―의, 식, 주―에 끝없이 영향을 주어 왔지만 디지털 기술은 인간의 삶을 근본적으로 바꾸고 있다. 특히 의복은 우리 피부와 밀착되어 있는 상태로 목욕할 때만 제외하고 우리와 24시간을 함께하기 때문에 의복이 디지털화된다는 것은 다른 물체가 디지털화된다는 것과는 차원이 다르다. 생각해보라. 내 구두가 내 위치를, 내 언더웨어가 내 건강 상태를 제3자에게 보내줄 수 있다. 그런 세상이 유토피아가 될지, 디스토피아가 될지 아무도 모르지만, 지금도 실험실 한구석에 놓여 있는 3D 프린터는 조용히 미래의 디지털 신발을 출력해내고 있다.

나의 문화유산 답사기, 디지털편

시대에 뒤처지지 않으려면
전통을 계승해야 한다.

나세르 알 마즈네드 Nasser Al Missned

19

과거로 돌아가는 방법은 여러 가지다. 가장 쉬운 방법은 단연 책을 읽는 거다. 내 연구실에는 악보를 올려놓는 보면대가 있다. 악기 연주를 하냐고? 악기에서 손을 놓은 지 10년 이상 지났다. 나는 보면대 위에 악보 대신 두껍고 무거운 세계역사지도책을 올려놓았다. 책이 너무 커서 거의 책상 전체를 차지하기 때문에 묘안을 생각해낸 거다. 이 책 한 권에 인류 역사에 중요한 이슈와 사건들이 일목요연하게 정리되어 있다.

나는 시간 날 때마다 아무 페이지나 펴고 시간 여행을 떠난다. 책 다음으론 텔레비전 다큐멘터리가 있는데, 활자 매체로는 전달하기 불가능한 정보를 동영상으로 전달해주는 장점이 있다. 다만 책보다는 객관성이 조금 떨어진다는 문제가 있긴 하다. 좀 더 실감나게 과거를 경험하고 싶다면 박물관이 가장 좋다. 박물관은 과거를 전문적으로 다루는 곳이다. 박물관 큐레이터 이상으로 과거에 매달려 일하는 사람이 있을까? 박물관에서는 가끔 특별 기획전도 열린다. 자체적으로 소장하고 있지 않은 유물들을 빌려다가 전시하는 특별 기획전은 박물관 입장에선 잘만 하면 대박을 터뜨릴 수 있는 기회이기도 하고, 일반 관람객 입장에선 특정 문화의 하이라이트를 비교적 손쉽게 맛볼 수 있는 기회가 된다.

버추얼 고고학

책, 텔레비전, 박물관도 좋지만 실제 역사의 현장을 가보는 것만 하겠는가. 직업 여행가도 아니고 역사학자도 아니지만 세계 곳곳을 많이 다녔다. 타지마할, 앙코르와트, 알함브라 궁전, 게티스버그, 이스라엘의 예루살렘과 마사다, 멕시코 테오티우아칸, 이란의 페르세폴리스, 사이프러스 섬 등 역사의 현장은 물론이고 소설 《빨강머리 앤》의 배경인 외딴섬 프린스 조지까지 가봤으니 말이다. 유네스코에서는 역사적으로 의미 있는 이런 장소를 세계문화유산으로 지정해서 관리하고 있다. 2015년 7월 현재 약 810여 곳이 세계문화유산으로 지정되어 있는데, 그중에는 우리나라 석굴암을 비롯해서 해인사, 하회마을 그리고 가장 최근에 등재된 백제역사지구 등 열두 곳도 포함되어 있다.

세계문화유산으로 지정됐어도 유지하고 관리하고 보존하는 것은 각 국가의 몫이다. 경제적으로 여의치 않은 상황일 때는 유네스코에서 도와주는 경우가 있긴 하지만 말이다. 게다가 가치 있는 문화유산 중에 아직 유네스코가 세계문화유산으로 지정하지 못한 곳들도 많다. 상당수의 유적지는 자연 재해나 인간의 파괴에 의해 훼손되거나 사라져가고 있다. 물론 이 세상 어떤 것이든 시작이 있으면 끝이 있게 마련이지만, 그렇다 하더라도 인류가 이룩해놓은 문화적 유산을 가급적 오래, 원본 그대로 보존하는 것은 의미 있는 일이다.

그래서 나온 대안 중 하나가 디지털 기술을 이용해 문화유산을 보존하자는 것이다. 특히 건축물이나 구조물, 조각들의 3차원 형상을 그대로 디지털 정보로 변환해서 저장하는 방법이 고안됐다. 한번 디지털로 저장해놓으면 그 활용은 무궁무진하다. 가상현실 기술을 이용해 실제 장소가 아닌 곳에서 가상으로 그 현장을 체험할 수 있다. 디지털 정보는 거의 영원히 보관 가능하니 혹시 나중에라도 문화유산이 훼손됐을 경우, 미리 저장해놓은 정보를 참조하여 복원할 수도 있다. 그리고 사극이나 역사극, 영화에도 사용할 수 있다. 무엇보다 현장 학습 대안으로 교육적 활용도가 클 것이다.

이렇게 문화유산을 3차원 정보로 변환, 저장, 관리하고 활용하는 분야를 버추얼 헤리티지 virtual heritage 혹은 버추얼 고고학 virtual archeology 이라고 한다. 나 역시 지난 15년간 버추얼 헤리티지에 관여해오고 있다. 한 분야의 전문가가 된다는 것은 적지 않은 시간과 노력의 투여, 평생에 걸친 자기 자신과의 약속 그리고 헌신과도 같은 것이다. 그런 의미에서 나 자신을 버추얼 헤리티지 전문가라고는 할 수 없다. 이 분야의 국내 최고 전문가라 해도 부끄럽지 않을 인물을 소개하고 그를 중심으로 글을 풀어가 볼까 한다. 바로 박진호이다.

나는 그를 우연히 만났다. 그가 건네준 명함에는 소속 기관도 없이 '디지털 복원 전문가'라고만 새겨져 있었다. 2000년 당시 허허벌판이었던 상암동 디지털미디어시티를 가상으로 미리 만들어보는 프로젝트에 그를 참여시켰다. 그 후 2005년에 내가 카이스트에 문화기술대학원을 설립했을 때, 새로 설립한 대학원에서 꼭 해야 하고 또 해보고 싶은 것이 있었다. 바로 버추얼 헤리티지였다. 나는 바로 그에게 전화를 걸었다. 그리고 월급을 많이 주지는 못하겠지만 원하는 일은 실컷 할 수 있게 해주겠다고 약속했다.

그가 카이스트에 와서 맨 처음 한 일은 베트남의 고도古都 '후에 황성Hue Imperial City'을 디지털로 복원하는 일이었다. 1993년 유네스코 문화유산으로 지정된 '후에 황성'은 베트남의 마지막 왕조인 응우옌 왕조의 도읍으로 베트남 왕 13명이 옥좌를 지켰으나, 1940년부터 시작된 인도차이나 전쟁으로 인해 현재 반 폐히로 남이 있다. 박진호는 5명의 팀을 꾸려 베트남으로 떠났다.

유적지를 3차원으로 복원하는 데는 두 가지 방법이 사용된다. 먼저 이미 사라진 건물은 문헌 자료를 참고하여 가급적 충실하게 그래픽 모델을 만든다. 반면 현존하는 건물은 레이저 스캐너를 이용하여 3차원 모델을 만든다. 대부분의 경우, 건축물의 일부가 남아 있기 때문에 두 가지 방법을 혼용하게 된다. 현재 남아 있는 형상에다 없어진 부분을 추가해서 당시 건물을 재현하는 것이다. 디지털 복원 팀이 열대의 고온다습한 기후에서 모기와 사투를 벌이며 작업을 마무리 지을 즈음, 나도 베트남으로 향했다. 이미 가을로 접어들었다곤 하나 찜통 같은 무더위와 습기 탓에 나는 베트남에 도착하자마자 앓아누웠다. 고맙게도 우리나라로 치면 베트남 문화재청에 해당되는 후에유적보존센터HMCC에서 직접 내가 묵고 있는 호텔로 의사를 보내줬다.

우리 팀은 디지털로 복원한 '후에 황성' 데이터를 활용하여

베트남 후에 황성 스캔 데이터

왕궁의 역사적 맥락을 소개하면서 왕궁 사이트를 가상으로 투어
하는 영상을 만들었다. 그 영상은 지금도 왕궁 초입에 마련된 관
광정보센터에서 상영되고 있으며, 세계에서 가장 널리 알려진
여행 가이드북《론리 플래닛 *Lonely Planet*》베트남 편에서는 '꼭 봐
야 할 영상'으로 다음과 같이 소개되고 있다.

"후에 황성에서는 이 영상을 반드시 봐야 한다. 황성 전체의 역사
적 개괄과 함께 건축물에 대한 설명을 멋들어지게 해주고 있다."

그 이듬해인 2008년, 박진호는 다시 팀을 꾸려서 '후에 황성'

후에 황성 영상 스크린샷

에 인접한 다른 유적지 복원에 나섰다. 인간 검투사가 아닌 호랑이와 코끼리를 싸움 붙이고 그걸 구경했던 '호권'이란 곳이었다. 이 작업의 결과는 3D 스테레오 영상으로 제작되어 호평받았으나 개인적으로 아쉬움이 남아 있다. 사실 우리 팀이 복원한 것은 왕궁의 극히 일부분이었다. 우리나라 경복궁이나 중국의 자금성이 그렇듯이 베트남의 '후에 황성'도 넓은 왕궁 터에 수십 채의 건물 군이 있다.

우리는 이왕 나선 김에 다른 건물들도 포함시켜 왕궁 전체를 완벽하게 복원하고 싶었다. 학술적 차원에서나 관광 자원 개발 차원에서도 의미 있는 일이라 여겼다. 그러나 현실은 우리가 원하는 것 그리고 베트남에서 원하는 것과는 매우 달랐다. 우리나라 정부가 지원하는 개발도상국 원조 사업으로 진행된 작업이었기에 동일한 프로젝트에는 계속해서 지원할 수 없다는 게 우리 정부의 방침이었다. 반면 이웃 나라 일본은 대규모 팀을 동일한 프로젝트에 10년 넘게 투입하면서 베트남 현지인들과 신뢰도 쌓고 기술과 데이터를 축적하고 있었다. 국력의 차이가 국격의 차이로 전이되는 것 같아 안타까웠다.

우리가 베트남 프로젝트를 마친 2년 후, 우리나라 국보 제1호인 남대문이 화염에 덮이면서 잿더미로 변했다. 그때 가장 먼저 유감과 위로의 이메일을 보내온 건 다름 아닌 베트남 후에유적 보존센터 책임자였다. 우리도 이후 베트남의 젊은 전문가 두 명을 초빙해서 디지털 복원 기술을 전수했다. 무엇을 하든 결국 사

혜초가 지나간 스바스 성

람이 시작이자 마지막이다.

베트남 프로젝트를 마친 후, 박진호는 계속해서 정부 부처와 관련 기관을 들쑤시고 다녔다. 무엇을 하든 우선 경비를 마련해야 하니까 말이다. 혹시 통일신라의 승려 혜초가 쓴 《왕오천축국전往五天竺國傳》이라는 여행기를 아는가? 나도 학교 다닐 때 외우기만 했지 그게 어떤 의미가 있는지 관심도 없었고 알려고도 하지 않았다.

통일신라 시대 16세 소년승이었던 혜초는 한반도를 출발, 중국을 거쳐 인도와 중앙아시아, 오늘날의 이란 지역까지 여행을 했다. 그리고 돌아오는 길에 이곳에 머물면서 자신의 배낭여행기 《왕오천축국전》을 집필했다. 오늘날 같았으면 1만 5000마일 정도 항공사 마일리지를 쌓았을 거다.

페르세폴리스 영상 작업 장면

　《왕오천축국전》은 마르코폴로의 《동방견문록》과 함께 세계
4대 여행기에 포함된다. 인류의 문화유산은 건축물만이 아니다.
서적, 그림, 벽화 등도 건축물 못지않은 유산이다. 박진호는 《왕
오천축국전》을 현대 감각으로 재해석하기 위해 혜초의 발자취
를 그대로 따라가면서 사진 촬영을 하고 자료를 모았다. 그리고
1년간의 작업 끝에 2008년, 그 결과들을 모아 덕수궁 석조전에
전시했다. 언젠가 훗날 혜초를 영화화한다면 그가 모아서 정리
한 자료가 시작점이 될 것이다.

　2008년 국립중앙박물관은 '페르시아의 영광'이라는 특별전
을 열었다. 이란 박물관에서 빌려온 페르시아 유물들을 전시한
것이다. 유물, 특히 고대 유물 전시의 문제는 아무래도 관람객들
이 유물의 진가를 피부로 느낄 수 없다는 것이다. 그래서 국립박

물관은 우리 팀에게 유물들이 언제, 어디서, 어떻게 사용됐는지 관람객들이 알기 쉽게 영상을 제작해달라고 의뢰했다. 박진호는 이번에도 팀을 구성하여 이란 남부의 페르세폴리스로 떠났다.

찬란한 문명을 자랑했던 페르시아 제국은 알렉산더 대왕에 의해 정복당한다. 알렉산더 대왕이 당나귀 1만 마리와 낙타 5000 마리를 동원해서 보물들을 약탈해 갔다고 하니 페르시아 제국이 얼마나 부유한 나라였는지 상상할 수 있다. 이때 페르시아의 수도가 페르세폴리스였다.

박진호의 팀이 만든 '페르세폴리스의 꿈'이란 타이틀의 영상은 현재 뼈대만 남아 있는 옛 궁전터 영상에 전성기의 상황을 컴퓨터 그래픽 영상으로 중첩해서 재현한 멋진 작품이었다. 물론 국립박물관 특별전에서도 크게 흥행했다. 나는 그 영상을 2015년 이란 여행 중에 현지인들에게 보여주었다. 이 영상을 본 고위 공무원이 나에게 다가와 이란 대학에 이런 영상을 만드는 기술을 가르치고 연구하는 학과를 만들어줄 수 있겠냐고 제안했다. 이 책이 서점에 나올 무렵이면 나는 아마 이란에 가 있을지도 모른다.

과거, 현재, 미래를 함께 생각하기

어느 날 아침, 박진호가 내 연구실로 찾아왔다. 나는 오전에는 연구나 수업 준비에 집중하느라 절대 사람을 만나지 않고 전화도 받지 않는다. 단, 박진호는 예외다. 항상 그렇듯이 내 연구실 문을 두드리다 못해 가격하고 들어온 그는 상기된 표정으로 말문을 열었다. "교수님, 우리 북한에 다녀와도 괜찮을까요?" 무슨 일인지 모르지만, 괜찮다마다! 가보지 못한 새로운 세상을 경험하는 것은 얼마나 축복받은 일인가!

알다시피 고려 시대 도읍은 개성이다. 불행하게도 개성의 궁궐은 고려 말 홍건적의 침략으로 철저하게 파괴되어 남아 있는 것이 거의 없고, 현재는 돌덩어리들만 굴러다닌다. 전문가들은 상당수의 유적과 유물이 14만 평에 이르는 옛 궁궐터 땅 밑에 묻혀 있을 거라고 추정한다.

2007년 남북합동발굴단이 유물 발굴 작업을 시작했다. 우리 팀의 임무는 만월대滿月臺라고 부르는 옛 궁궐터를 스캔하고 특히 새로 발굴된 유물들을 정밀 스캔해서 3차원 모델을 만드는 것이었다. 이 작업을 위해서는 큼지막한 레이저 스캐너를 북한 땅으로 반입해야 했다. 이걸 레이저 스캐너라고 신고하면 필경 문제를 일으킬 게 분명했다.

만에 하나라도 땅굴이나 군사 시설을 염탐하는 특수한 레이더 장비라는 인상을 주면 모든 것이 수포로 돌아간다. 박진호는 이 장비의 이름을 새로 만들었다. '3차원 형상 계측기'. 얼마나 적절한 단어인가. 말 그대로 유적이나 유물을 3차원 카메라로 찍어내는 것이다. 레이저 스캐너는 아무 문제없이 DMZ를 넘을 수

만월대 유적지

있었다.

　우리 팀은 2주간 개성에 머물며 옛 성터를 꼼꼼하게 데이터베이스화했다. 나는 작업이 끝나는 마지막 날에 개성을 방문했다. 산자락에 자리한 만월대 옛 궁궐터가 풍기는 폐허의 미는 독일 낭만주의의 거장 프리드리히의 그림을 연상시켰다. 소달구지가 지나가는 개성 시가지의 한적한 모습은 공허한 도시 공간을 절묘하게 묘사한 미국 작가 에드워드 호퍼 그림의 한 장면 같았다. 시냇가에서 빨래하는 여인들은 이중섭의 그림을 꼭 닮았고, 군용 트럭이 만든 그늘 아래서 담배를 피우며 담소하는 어린 군인들의 모습 역시 언젠가 김기창의 그림에서 본 것 같았다. 이렇게 가까운 곳에 이렇게 다른 세상이 있다니! 지금도 개성은 나에게 마치 가상세계처럼 기억된다.

　박진호와 그 일행 덕분에 나는 일반 과학자로서는 해보기 힘든 경험을 많이 했다. 공룡 발자국을 찾아 남해 외딴 섬을 탐사하기도 하고, 남대문이 잿더미로 변한 며칠 후 그 현장에서 정신적 공황 상태를 느끼기도 했다. 무엇보다 기억에 생생한 것은 석굴암에서 보낸 다섯 시간이다. 우리는 자정이 될 때까지 불국사찰 내에 스님이 마련해준 조그만 방에 둘러앉아 마음을 가라앉히고 있었다. 그리고 자정을 알리는 종소리에 맞춰 석굴암에 들어갔다. 주지 스님의 특별 배려로 일주일의 작업 기간을 허락받아 석굴암을 완벽하게 스캔하는 행운을 갖게 된 것이다.

　열 명 남짓 되는 작업팀이 마치 투명인간처럼 아무 소리 없이 각자 맡은 일을 해나가는 사이 나는 다섯 시간 동안 조용히 불상을 음미했다. 그리고 동틀 무렵 동해에 떠오르는 태양이 그림자를 걷어가기 시작했을 때, 우리는 석굴암을 그림자처럼 빠져나왔다. 이때 수집한 데이터 역시 일반 관람객들을 위해 동영상으로 제작되어 국립중앙박물관 통일신라 조각 특별전에서 상영됐고, 세종시에 위치한 문화재청 디지털 문화유산 영상관에서 지금도 상영 중이다. 그리고 소중한 스캔 데이터는 우리나라에서 가장 안전한 곳인 국립중앙박물관 소장고 깊은 곳에 보관되어 있다.

　버추얼 헤리티지는 그야말로 과학과 예술이 만나는 접점에 있다. 과학적 분석과 더불어 예술적 창의성이 요구된다. 유적이

석굴암 스캔 작업

가상현실로 재현된 석굴암

지어졌던 시대로 돌아가서 그 당시의 세계관과 기술적 관점에서 세상을 보아야 한다. 말하자면 정신적인 타임머신을 타야 하는 것이다. 그러나 버추얼 헤리티지가 반드시 과거 지향적인 것만은 아니다. 지금 우리가 숨 쉬고 있는 시대도 얼마 안 가서 과거가 된다. 100년, 1000년 후, 우리가 미래 세대에게 꼭 남겨주고 싶고, 남겨주어야 할 현대 유적은 무엇일까? 남산타워? 서울 시청? 63빌딩? 청와대? 국회의사당? 세월호 잔해? 아니면 21세기 전통 주거 양식인 고층 아파트? 이런 맥락에서 보면 버추얼 헤리티지는 과거, 현재 그리고 미래를 함께 생각해야 하는 매우 흥미로운 분야다.

시간의
기억

과학은 치료하고 예술은 치유한다.

원광연

20

시간은 흐르는 강물과 같다고들 한다. 여기엔 두 가지 의미가 있다. 하나는 시간은 세상만사와는 상관없이 한 방향에서 왔다가 다른 방향으로 흘러가며, 한번 흐른 시간은 다시는 되돌아오지 않는다는 진리다. 다른 하나는 시간의 연속성이다. 과거, 현재, 미래는 다른 것이 아닐뿐더러 서로 연결되어 있다. 시간을 아무리 잘게 나눠도 시간의 '분자'나 '원자' 따위는 없다. 다만 인간은 필요에 의해 식사 시간, 근무 시간, 취침 시간 등으로 나누어 시간을 효율적으로 활용할 뿐이다. 흐르는 시간이라는 강을 강변에서 바라보고 있노라면 어제와 오늘이 별반 다르지 않고, 작년과 금년이 큰 차이가 없다.

그런데 인간은 시간의 연속성에 불연속성을 느낄 때가 있다. 마치 유유히 흐르는 강물이 폭포를 만나는 것과 같다고나 할까. 어느 날 잠에서 깼는데 세상이 갑자기 바뀐 느낌과 함께, 완전히 다른 세상에 살고 있다는 생각이 들 때가 있다. 아니, 실제로 세상이 바뀐 것이다. 2002년 한일 월드컵 직후 들이닥친 금융 위기가 그랬다.

무엇보다 금융 위기는 우리의 의식 구조를 변화시켰다. 그전까지는 추상적인 개념에 불과했던 거시경제가 개인의 일상생활, 아니 내 가족의 운명과 직결되어 있다는 걸 깨닫게 됐고, 이후 금리, 환율, 주가 등 전문용어들이 날씨나 몸무게, 혈압보다 더 큰 의미로 다가왔다. 다시 말해 2002년 금융 위기를 기점으로 국민의 의식 구조가 완전히 달라졌다. 경제는 우리의 사고와 행동을 결정하는 가장 중요한 변수가 됐다. 세월호 참사 역시 12년 전 금융 위기보다 더 큰 시간의 불연속성을 가져왔다. 대한민국 땅에서 평범하게 생활을 영위하는 것 자체도 당연하게 주어진 명제가 아니고 그런 생활을 영위하는 데에는 정부, 단체, 개인 차원에서 엄청난 노력과 수고가 전제되어야 한다는 걸 알게 됐다.

공간 자체가 예술 작품이다

우리나라 세월호 참사와 비견할 만큼 미국인들에게 의식의 변화를 강요한 사건은 9·11 테러였다. 나도 생전 처음 뉴욕에 갔을 때 세계무역센터 맨 꼭대기에 올라가서 뉴욕을 내려다보았다. 시간의 기준이 영국 그리니치 천문대라고 한다면 세계경제의 기준은 이곳 세계무역센터이었다. 기준점과 함께 3000명 가까운 일반인과 400여 명의 구조대원들이 순식간에 희생된 이 테러로 인해 미국인들의 자존심이 훼손되는 정도를 넘어, 그들이 세상을 보는 관점 자체가 바뀐 것이다.

　일시적인 분노와 슬픔 뒤에는, 세계는 서로 연결되어 있고 평화와 안보는 저절로 오는 것이 아니라 끊임없이 노력해야 한다는 생각의 공유와 실천이 이어졌다. 지나칠 정도로 개인적이고 자유분방한 그들이 필요시 한목소리, 한 행동으로 단결하는 것을 보면 오히려 섬뜩할 때도 있다. 나 역시 9·11 사건을 계기로 인간의 이성이 야만성을 통제할 수 있고, 시스템을 잘 관리하고 운영하면 사회가 안정적으로 발전할 것이며, 더 나아가서 지속적인 사회 발전은 당연한 것이라는 순진한 낙관적 세계관을 버릴 수밖에 없었다.

　2014년 겨울에 세계무역센터가 있던 '그라운드 제로Ground Zero'를 방문할 기회가 있었다. 쌍둥이 빌딩이 있던 자리에 당시 희생자를 추모하는 메모리얼을 만들어 일반인에게 공개한다고 해 아침 일찍 길을 나섰다. 고층 건물들이 만든 계곡과 협곡을 휘감고 내려치는 눈바람을 맞으며 수백 미터의 방문객 라인과 몇 단계의 보안 절차를 거쳐 도달한 그라운드 제로에는 웅장한 기념탑이나 건축물, 조각상은 없었다. 그저 건물이 놓였던 밑바닥까지 뻥 뚫린 직육면체 공간과 밑바닥으로 떨어지는 물줄기 그리고 그 주위를 돌아가며 돌에 새긴 희생자들의 이름이 전부였다.

대단한 작품을 기대하고 간 나는 처음에는 볼 것이라곤 아무 것도 없는 상황이 황당하고 아쉬웠으나 실망감은 곧 사라졌다. 텅 빈 공간에는 사건 당일의 슬픔과 분노보다는 반성과 뉘우침 그리고 명상과 자기 성찰이 있었다. 그러니까 공간 그 자체가 작품이었다. 비우는 것이 채우는 것이라는 동양 철학과도 맞닿아 있다고나 할까. 그리고 메모리얼 옆에는 프리덤 원Freedom One이라는 이름의 새로운 세계무역센터가 세워졌다. 건물 내부, 외부 모두 최고 첨단 기술의 집합체이며 미국인들에게는 미래의 표현이자 상징이다.

그로부터 1년 후, 나는 다시 그라운드 제로를 방문했다. 이번에는 세계무역센터 건물의 지하에 오픈한 9·11 메모리얼 뮤지엄을 보기 위해서였다. 뮤지엄은 당초 쌍둥이 빌딩이 있던 자리 바로 그 밑에 세워졌다. 건물의 밑바닥에 해당하는 지하 7층까지 에스컬레이터를 타고 내려가면 거대한 공간이 나오고 여기서부터 뮤지엄은 시작된다. 원래 이 자리에 있던 건물 잔해의 일부를 그대로 돌출시켜 현장감을 극대화했다. 이 뮤지엄의 하이라이트는 중간쯤 위치한 넓은 광장의 커다란 벽이다. 마치 예루살렘에 있는 통곡의 벽을 연상케 하는 이 벽 뒤에는 9·11 당일 희생된 사람들의 유골이 안치되어 있다. 당시 거대한 건물이 송두리째 사라질 정도로 완벽하게 파괴된 상태에서 희생자의 개인별 유골을 수습하는 것은 불가능했다. 그래서 사건 현장이 있던 그 자리에 함께 안치한 것이다. 이 벽 중간에는 건물의 잔해 철근을 녹여

그라운드 제로

메모리얼 뮤지엄

서 제작한 동판에 글이 새겨져 있다.

> "단 하루도, 시간의 기억으로부터 그대들은 지워지지 않을 것이
> 다."

멋진 말이다. 그런데 이 구절 때문에 뮤지엄은 오픈 전부터 구설수에 올랐다. 이 구절은 고대 로마의 시인 베르길리우스의 〈아에네이드〉라는 시에서 인용한 것이다. 그런데 이 시의 배경이 문제가 됐다. 트로이가 그리스에 함락되고 소수의 생존자들이 이탈리아로 도망쳤다. 이탈리아 반도는 아직 로마 제국이 생겨나기 훨씬 전인 미개한 상태였지만 그곳 원주민들이 트로이의 망명객들을 반겼을 리 없다. 두 부족 간 긴장이 최고조에 달했을 무렵, 트로이 측 두 소년이 야음을 틈타 이탈리아 병사 진영에 들어가서 잠자고 있던 병사들을 살육한다. 결국 두 소년은 잡혀서 처형됐는데, 베르길리우스의 시는 이 두 소년의 영웅적 행동을 찬양한 것이었다.

외국에서 잠입한 두 침입자가 원주민들을 무차별 살육한 것을 찬양한 시 구절이니 마치 9·11 사건의 자살 테러리스트를 추도한 꼴이 된 거 아니냐는 호된 비판이 일었다. 그럼에도 불구하고 이 구절은 방문객의 마음을 숙연하게 한다.

이 구절이 새겨져 있는 벽면에는 예술 작품이 한 점 설치되어 있다. 엄청나게 큰 뮤지엄 공간에 많은 전시물들이 있으나 예술

NO DAY SHALL ERASE YOU FROM THE MEMORY OF TIME

Virgil

스펜서 핀치, 〈9월 그날의 하늘 색깔을 기억하며〉

작품은 이것 하나뿐이다. 〈9월 그날의 하늘 색깔을 기억하며〉라
는 제목의 스펜서 핀치Spencer Finch의 작품이다. 멀리서 보면 푸
른 색깔의 석판으로 구성된 모자이크처럼 보인다. 가까이 가면
석판인 줄 알았던 푸른색 판들이 단순히 종잇장임을 알게 된다.
종이 한 장 한 장 정성 들여 색칠한 단색의 수채화다. 작가는
2983명의 희생자를 생각하면서 2983장의 종이에 참사가 일어
난 당일 오전 하늘 빛깔의 수채화를 그렸다고 한다. 매우 고된 작

업이었을 것이다.

그런데 작가의 말에 의하면 하루 작업이 끝날 때쯤이면 매우 피곤했지만 단 한 번도 지루함을 느낀 적은 없었다고 한다. 뮤지엄 전체가 추모의 분위기를 풍기고 있지만, 하늘을 유화가 아닌 수채화로 그린 이 작품은 붓 터치의 섬세함이 그대로 느껴지면서 전체적으로는 푸른 하늘이라는 희망적인 메시지를 전달하고 있어 다른 어느 전시물보다 감동적이었다.

스토리를 담은 비석

뮤지엄을 둘러보고 다시 밖으로 나와 그라운드 제로로 발걸음을 향했다. 어느 희생자의 이름 위에 하얀 장미 한 송이가 놓여 있었다. 누가 가져다놓았을까? 아마도 희생자의 유족일 것이다. 그런데 한 가지 의문이 들었다. 수천 명이 희생됐는데 그들의 이름을 어떤 순서로 배열했을까? 여기도 소위 '로열' 자리가 있을까? 얼마 전 내 조부모님 산소를 이장할 요량으로 납골당을 찾아간 적이 있다. 도서관의 서가처럼 유해를 모신 방들이 빼곡히 배치되어 있어 마치 고층 아파트를 연상시켰다. 눈높이 층은 로열 층으로 가장 비쌌고 발돋움을 해야 하는 꼭대기 층으로 갈수록, 아니면 몸을 구부려야 하는 아래쪽 층으로 갈수록 가격이 내려갔다. 이제 대한민국 국민은 생전에 아파트에서 살다가 죽어서

장미가 놓여 있는 그라운드 제로

도 아파트를 벗어날 수 없다. 여기서 위치는 분양 가격에 의해 결정된다.

9·11 메모리얼과 같은 공식적인 추모 사이트에서는 사망자의 위치와 순서도 매우 중요한 결정 사항이다. 국립현충원 같은 경우에는 특별히 신경 쓰지 않아도 된다. 사망 순서에 따라 자연스럽게 위치가 결정된다. 많은 사람이 동시에 사망한 경우에는 사전 순, 즉 가나다 순을 지키면 큰 무리가 없다. 미국 워싱턴에 있는 베트남전 메모리얼은 당시 막 20세가 된 예일대학생 마야

베트남전 메모리얼

린 잉Maya Lin Ying이 디자인했다. 이곳에는 우러러봐야 하는 큰
동상도, 올라가야 하는 계단도 없다. 오직 5만 8000명의 베트남
전 전사자들의 이름이 빼곡히 새겨진 검정 대리석 벽뿐이다. 그
벽의 한쪽 끝은 링컨 기념관을, 다른 한쪽은 워싱턴 모뉴먼트를
향하고 있다.

9·11 메모리얼과 유사하게, 이곳에서도 방문객은 전사자의
이름을 손으로 어루만질 수 있다. 6만 명 가까운 전사자의 이름
을 어떻게 배열할 것인가를 놓고 마야 린 잉과 국방성 사이에 의
견이 갈렸다. 국방성은 당연히 찾기 쉽게 사전 순으로 배열하길
원했다. 그러나 그녀는 만일 그렇게 한다면 대리석 비전의 진화
번호부가 될 거라고 반대했다. 결국 그녀의 주장대로 사전 순이

아닌 전사한 날짜와 시간 순으로 배열됐다. 이렇게 함으로써 함께 전사한 전우들 곁에 있으면서, 나라를 위해 목숨을 바친 의미와 당시의 스토리를 효과적으로 전달할 수 있게 됐다. 현재 베트남전 메모리얼은 위싱턴에 있는 다른 어느 메모리얼보다 관람객이 많이 찾는 명소가 됐다.

9·11 메모리얼을 뒤로 하고 지하철로 발걸음을 옮기며 하늘을 올려다봤다. 유달리 파란 하늘이 스펜서 핀치의 수채화에서 본 하늘과 닮아 보였다. 예술은 개인적인 카타르시스도 제공해 주고, 다수의 공감대도 형성하게끔 한다. 또한 세상을 새롭게 보이게도 하고 단절된 시간을 연결하면서 우리의 의식 구조를 새로운 방향으로 인도한다. 과학기술이 우리를 치료한다면, 예술은 우리를 치유한다.

3D 프린터,
예술을 침범하다

내가 한 일이라곤 대리석 안에 잠자던 천사를
망치와 끌로 끄집어낸 것뿐이다.

미켈란젤로 보오나로티 Michelangelo Buonarroti

21

조각은 매우 격렬한 육체노동이다. 먼지를 뒤집어쓰고 돌을 쪼거나 갈아내는가 하면, 쇳가루를 호흡하면서 강철을 깎아내고, 땀으로 뒤범벅되면서 용접을 하기도 한다. 오죽하면 레오나르도 다빈치는 조각은 육체노동에 불과하고, 회화는 가장 고상한 정신활동의 정수라고 주장했겠는가. 물론 이 말에는 자신의 최대 라이벌인 조각가 미켈란젤로를 폄하하려는 의도가 엿보인다. 인간이 예술이란 걸 발명한 지 수만 년이 지났지만 조각은 단단한 물질을 직접 몸으로 다루어야 하는 활동이라는 사실만은 변하지 않았다. 적어도 지금까지는.

금일미술관은 베이징의 가장 유명한 현대미술관이다. 미술관 옆에는 미술관보다 더 큰 건물에 예술가들을 입주시켜놓았다. 국제예술지구로 지정되어 있는 금일미술관 뒷골목에는 갤러리들이 줄지어 입주해 있다. 미술품을 구입할 것은 아니지만 어슬

베이징 금일미술관

렁거리며 갤러리들을 답사하는 것도 괜찮은 소일거리다.

작지만 세련된 한 갤러리 앞에서 발길을 멈췄다. 갤러리 주인
은 없고 대신 한 영국인이 나를 맞이했다. 본인을 조각가라고 소
개한 그는 나에게 카탈로그 하나를 건네주었다. 카탈로그에는
그가 전 세계 도시에 설치한 대형 조각 작품의 사진들이 가득 차
있었다. 그러고 보니 서울 강남 어딘가에서 그의 작품을 본 기억
이 났다.

그는 전 세계 큰 도시를 돌아다니면서 작품 세일즈를 한다.
카탈로그에 수록된 형상을 기초로 해서 상황에 따라 적절히 크
기를 바꾸고 형태를 변형해 고객에게 제시한다. 주문을 받으면

작품의 3차원 모델을 엔지니어링 회사에 보내서 구조 안정성 테스트를 하고, 자동적으로 가격까지 산출한다. 계약 즉시 작품의 3차원 파일을 해당 지역의 협력업체에 보내고, 작품이 설치된 뒤에 최종 확인하는 걸로 그의 예술 활동은 끝난다. 손으로 직접 만드는 것이 더 정성도 들어가고 애정도 가지 않는가, 그렇게 해야 진정한 예술 작품이 나오는 것 아닌가 조심스럽게 질문했다. 그의 대답은 단순 명료했다. 세상이 변했다고. 그리고 한마디 덧붙였다. 조만간 당신이 원하는 자동차를 직접 디자인해 인터넷에서 주문하는 시대가 올 거라고.

제조산업에 혁명을 일으키다

정치인들의 연설은 대부분 귀담아 들을 게 못 되지만 2013년 미국 의회에서 연설한 버락 오바마 미국 대통령의 연설은 우리가 알고 있는 산업이 가까운 미래에 근본적으로 바뀔 것임을 알리는 선언이었다. "3D 프린팅은 제조산업에 혁명을 가져올 것이다." 무슨 말인가? 산업혁명은 18세기에 시작됐다. 그전에는 딱히 산업이랄 것도 없었다. 일상생활에 필요한 것은 직접 만들거나, 동네에서 제일 잘 만드는 사람에게 주문하거나 사다 썼다. 베이커Baker, 슈마커Shoemaker, 스미스Smith 등의 이름에서 알 수 있듯 무엇을 제조하는 행위는 개인의 능력 문제였다.

그러던 것이 증기기관의 발명과 더불어 상황이 바뀌었다. 사람보다 기계가 더 생산성이 높아진 것이다. 이제 더 저렴하게, 더 질 좋은 물건을 만들어낼 수 있게 됐다. 게다가 헨리 포드는 생산성을 획기적으로 높이는 새로운 방식을 개발했다. 기술의 중요성이 한층 더 부각됐다. 거대 자본, 대량생산, 소비 중심 사회. 오늘날 우리가 아는 세상이 열린 것이다.

물론 단점도 있다. 내가 대학에 입학했을 때, 어머니는 나를 동네 양복점에 데리고 가서 내 몸에 꼭 맞는 양복을 맞춰주셨다. 지금은 돈이 무척 많은 사람 혹은 연예인이 아니면 자기 몸에 최적화된 옷을 입는 사치는 일찌감치 포기해야 한다. 아마 지구상에 숨 쉬는 70억 인구 중 똑같은 몸매를 가진 사람은 한 명도 없을 것이다. 그러나 티셔츠는 S, M, L, XL 네 종류만 나오고, 신발은 좀 더 나은 상황이지만 5밀리미터 간격으로밖에 제공되지 않는다.

현재 내가 살고 있는 집만 해도 내가 선택하긴 했지만 집에 나를 맞춘 것이지, 집이 내 라이프스타일에 맞춘 건 아니다. 가구, 가전제품, 집기, 주방용품 모두 제조회사들이 현대인의 라이프스타일을 조사해 현재 유행하는 몇 가지 모델로 판매하는 것 중에서 고를 수밖에 없다. 상품의 질도 좋아지고 디자인도 세련되어져서 '북유럽의 간결함', '이탈리아의 세련미', '파리의 우아함'을 즐길 수 있게 됐지만 이것 역시 불특정 다수를 타깃으로 한 싸구려 모방품cheap imitation의 한계는 넘을 수 없다.

산업의 예술화, 예술의 산업화

윌리엄 모리스William Morris는 150년 전에 이미 이런 문제의식을 가지고 있었고, 이걸 극복하기 위해 '예술공예운동'을 벌였다. 산업혁명이 절정기에 올랐던 영국 빅토리아 시대에 활약한 그는 소년 시절부터 중세 문학에 심취했다. 이처럼 삭막하고 기계화된 사회에 중세적인 사람의 숨결과 휴먼 터치를 집어넣을 방법은 없을까. 대학 졸업 후 그는 일종의 '장인' 회사를 설립해서 대량생산되는 공산품을 대체할 만한 가구, 카펫, 벽지, 옷감, 스테인드글라스, 벽화 등을 주문 판매했고, 그 결과 당시 상류층 사회에서 가장 선호하는 브랜드로 자리 잡게 됐다.

그의 뒤에는 '라파엘 전파Pre-Rafael Brotherhood'라고 불리우는 젊은 예술가 집단이 회사의 동업자로 진을 치고 있었다. 물론 옥스퍼드대학 출신인 모리스 자신도 건축, 미술, 디자인에 상당한 실력을 갖추고 있었다. 그는 자신의 회사를 '펌Firm'이라고 불렀다. 20세기의 팝아티스트 앤디 워홀이 그의 스튜디오를 '팩토리Factory'라고 부른 것도 모리스를 따라 한 게 아닌지 모른다.

물론 이런 '삶에서 예술로의 회귀'에는 나름대로 문제도 많았다. 모리스는 그 자신의 삶부터 매우 예술적이었다. 오랜 동업자이며 지금은 모리스보다 더 유명해진 라파엘 전파를 대표하는 화가 단테 가브리엘 로제티Dante-Gabriel Rossetti와 그의 아내가 친구 이상의 사이임을 알면서도 로제티와는 절친 관계를 유지했

윌리엄 모리스의 회사에서 만든 옷감

윌리엄 모리스의 회사에서 만든 태피스트리

고, 심지어 자신의 집에 로제
티 가족을 세 들여 함께 살
기도 했다. 부유한 부르주아
가문 출신으로 젊고 배고픈
예술가들을 도와주며 함께
생활했고, 일종의 예술촌을
만들고, 급진주의 단체를 설
립하거나 후원하기도 했다.
그가 급진주의 단체에서 탈
퇴하면서 내뱉은 한마디는
오늘날에도 시사하는 바가
크다. "급진주의는 급진 이상

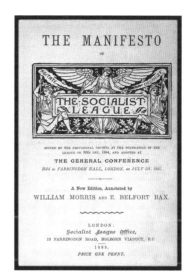

윌리엄 모리스가 디자인한
사회 연대 선언문의 표지

으로 발전하지 못할 것이다. 급진주의는 부유한 자본가의 영향
에서 절대 벗어날 수 없기 때문이다."

현재 웬만한 가정에 컴퓨터가 있고 십중팔구 그 컴퓨터는 프
린터에 연결되어 있듯이, 향후 우리 집 컴퓨터에 3D 프린터가
연결되어 있는 상황을 가정해보자. 미래에도 우리는 인터넷에서
다운받은 파일을 프린트할 것이다. 다만 지금처럼 텍스트 파일
이나 사진 파일이 아니라 실제 물체의 형상을 기록한 파일일 것
이고, 이걸 3D 프린터로 출력하면 그 형상이 그대로 출력될 것
이다. 그것은 티셔츠일 수도, 신발일 수도, 커피 잔일 수도, 심지
어 스마트폰일 수도 있다.

물론 인터넷에서 다운받은 파일을 내 취향에 맞게 조금 수정할 수도 있고, 아예 직접 디자인할 수도 있을 것이다. 어느 정도 예술 감각도 있어야 하고 엔지니어링 실력도 있어야 하니 조금 힘은 들겠지만 말이다. 이런 세상이 오면 오바마 대통령이 선언한 대로 대량생산을 기본으로 하는 현시대의 제조산업은 구시대의 유물이 될 것이다. 결국 윌리엄 모리스가 꿈꾸던 산업의 예술화, 예술의 산업화가 실현되는 것이다.

디지털 프라이버시

정말 내가 필요한 것들을 집에서 프린트하는 그런 시대가 올까? 사실 현재 기술로는 요원하다. 그런데 첨단 기술 분야에서 통용되는 격언이 하나 있다. 전문가가 불가능하다고 예견한 것은 반드시 이루어진다는 것이다. 하늘을 나는 비행기, 브라운관이 없는 벽걸이 텔레비전, 달나라 왕복선, 책처럼 간편하게 들고 다닐 수 있는 컴퓨터…. 이 모든 것이 한때 전문가들이 절대 불가능하다고 선언했던 것들이다.

여러 가지 이유로 집에서 프린트할 수 없는 것들도 있을 것이다. 내가 만난 영국 조각가가 말했던 맞춤형 자동차 같은 것들은 사이즈 문제도 있고, 다양한 재료를 필요로 하기 때문에 집에서 프린트하는 것은 기술적으로는 가능할지 몰라도 바람직하지 않을 수 있다. 그런 것들은 맞춤형 자동차를 제작해 배달하는 인터넷 사이트를 이용하면 될 것이다.

대학 시절 여름방학에 원자력연구소에 인턴으로 간 적이 있다. 하루는 실험기기 표면을 아주 매끄럽게 갈아내기 위해 실험기기를 들고 청계천의 어느 공작소를 찾아갔다. 청계천 7가였던가, 정확히 기억은 나지 않지만 허름한 공구상들이 다닥다닥 붙어 있는 미로 같은 골목을 지나, 우리가 찾은 곳은 서너 평 남짓한 공간에 이름 모를 각종 공구와 장비가 가득 쌓인 그런 가게였다. 첨단 실험을 하기 위해 가장 비첨단인 청계천 공구 상가에 의존해야 하는 것은 아이러니였다. 지금은 그 위상이 많이 낮아졌지만 그 당시 청계천은 원하면 탱크도 만들 수 있는 곳으로 알려져 있었다. 겉으로 보기엔 엇비슷한 상점이 수백 개 밀집되어 있는 곳이었지만 그 상점들은 각자 나름대로의 전문성을 가지고 있었다.

이런 상점들이 한곳에 모여 있지 않고 여기저기 흩어져 있으면서, 누군가가 이들 각자가 할 일을 정해주고 그 결과물을 모아 조립해 완제품을 만드는 시나리오, 바로 이것이 미래의 청계천, 아니 오바마 대통령이 말하는 미래의 제조산업인 것이다. 미래에 우리는 페이스북에 글을 올리거나, 유튜브에 동영상을 올리는 것을 넘어 우리가 즐기면서 만든 개성 넘치는 물건들을, 좀 더 정확히 말하면 우리가 디자인한 물건들의 3D 파일을 인터넷 어디엔가 올리게 될 것이다.

이런 미래가 반드시 장밋빛인 것만은 아니다. 무엇보다 프라이버시 이슈가 생긴다. 벌써 15년 전 일이다. 나는 가상현실 연구에 사용할 아바타를 만들기 위해 학생 한 명의 신체를 레이저 스캔하고 그와 똑같은 3차원 모델을 만들었다. 그런데 전신 나체인 그의 모델을 모니터 화면에 띄우고 이리저리 돌려 보면서 마치 그의 알몸을 만지는 듯한 느낌을 받았다. 3D 프린팅 시대에 나에게 최적화된 의복, 신발, 갖가지 개인용품을 제공받으려면 신체 정보를 비롯해 나에 관한 모든 것을 제3자에게 넘겨주어야 한다. 현재 주민등록번호나 전화번호, 주소 정도가 유출되는 것도 심각한 문제임을 생각하면 미래의 프라이버시 이슈는 완전히 다른 차원의 문제임을 어렴풋이나마 짐작할 수 있다.

또 다른 문제로 지적재산권 이슈가 있다. 북한에 김정은이 집권하고 얼마 지나지 않아 북한 버전의 버라이어티 쇼를 선보인적이 있다. 조금은 어색하지만 걸그룹도 등장하고 미키마우스, 곰돌이 푸 등 디즈니 캐릭터도 등장했다. 이때 미국 국무성의 논평은 단순명료했다. 그런 캐릭터들은 미국 기업의 지적재산권을 침해한 것이라고.

지적재산권처럼 광범위하게 적용되면서 그 경계가 애매한 건 없다. 특히 카피라이트Copyright는 콘텐츠를 만든 당사자가 어디다 신청하거나 등록하지 않아도 자동적으로 보호된다. 우리는 그림, 음악, 사진, 글, 소프트웨어 등에 대해서는 어느 정도 도덕적 기준을 가지고 있다. 그 기준에 따라 사진을 다운받아 사용하기도 하고, 음악을 샘플링하기도 하고, 글을 인용하기도 하고, 소프트웨어를 사용하기도 한다. 그런데 물체나 상품의 형상을 기록한 3D 파일에 대해서는 경계가 확실치 않다. 아직 명확한 기준이 제시될 만큼 3D 프린팅이 대중화되지 않았기 때문이다. 어떤 비디오게임 애호가는 유명 게임 캐릭터를 본떠 만든 자신만의 캐릭터를 3D 프린터로 제작해 인터넷에서 판매하다가 게임회사로부터 소송을 당해 곤욕을 치러야 했다.

아티스트 매튜 플러머 페르난데스Matthew Plummer-Fernandez는 이런 지적재산권의 모호한 경계를 탐구하고 있다. 그는 아무 데서나 구입할 수 있는 미키마우스 캐릭터를 스캔해서 3D 파일로 만든 후, 소프트웨어로 그 형상을 변형해 새로운 캐릭터를 만들었다. 지적재산권이 걸려 있는 미키마우스를 변형하는 것이 법적으로 용인되는가? 그렇다면 어디까지 변형할 수 있는가? 원형을 인지할 수 없을 정도로 변형하면 아무 문제가 없을까? 예술가는 시대를 앞서간다. 예술가가 이런 문제를 고민하고 있다면, 이 문제는 미래에 크게 부각될 것이다.

3D 프린터는 우리를 새로운 미래로 이끌어줄 것이다. 우리에겐 이미 그 어느 때보다 창의력을 발휘할 수 있는 강력한 도구들이 주어졌다. 그러나 워드프로세서가 우리를 노벨상 수상자로 만들어주지 않는 것처럼, 포토샵이 우리에게 전문 사진작가를 보장하지 않는 것처럼, 유튜브가 우리를 스필버그 감독의 반열로 올려주지 않는 것처럼, 3D 프린터가 우리를 미켈란젤로로 만

매튜 플러머 페르난데스의 3D 프린팅 작업물

들어주지는 않을 것이다. 한 가지 확실한 건, 3D 프린터 시대에는 예술적 소양과 감각이 더욱 중요해질 것이라는 점이다. 그러고 보니 이 장의 제목을 바꿔야 할 것 같다. '3D 프린터, 예술을 침범하다'보다는 '예술, 3D 프린터를 침범하다'가 더 적절하겠다.

새로운 프런티어,
10년 후

과학도 예술도 그 자체가 목적일 수는 없다.
과학, 예술 모두 그 목적은 인간이다.

피델 카스트로 Fidel Castro

22

21세기를 여는 2000년. 오랜 옛
날은 아니지만 지금과는 매우 다른 세상이었다. 우리나라에 광
우병 사태도, 세월호 참사도, 메르스 공포도 아직 일어나지 않았
고, 미국도 9·11의 악몽을 모른 채 달콤한 잠에 빠져 있었으며,
그리스 역시 멀지 않은 미래에 국가 전체가 부도 날 줄은 꿈에도
생각 못 하고 올림픽 열기에 달아 있던 시절이었다.

서울 시장은 당시 거대한 쓰레기 처리장이었던 상암동 지역
을 첨단 미디어 타운으로 변신시키려는 웅대한 포부를 막 실행
에 옮기기 시작했고, 부시장은 미디어 산업이 미래 서울시의 핵
심 산업이 될 거라는 꿈을 보여주기 위해 미디어를 다루는 국제
규모의 비엔날레를 구상하고 있었다. 이미 광주와 부산에서 비
엔날레가 개최되고 있던 참에 좁은 땅에 또 다른 비엔날레가 필
요한가 하는 반론도 있었지만, 예술 비엔날레가 아니라 미디어

비엔날레로 특화하면 명분도, 승산도 있을 거라는 생각이었다.

나 역시 소수의 전문가로 이루어진 기획팀에 초대되어 이 새로운 비엔날레의 방향에 대해 고민하는 기회를 갖게 됐다. 몇 차례의 모임 끝에, 이 비엔날레의 명칭은 '미디어 시티 서울'로 정해졌고, 첫 번째 비엔날레의 주제는 내가 만들어낸 '0과 1 사이'로 낙착됐다. 나에게는 좀 더 구체적인 일이 주어졌다. 본 전시보다는 훨씬 규모가 작지만 과학과 예술과 산업이 만나는 장을 만드는 거였다. 이 소규모 전시의 명칭은 '트라이앵글', 즉 삼각형의 세 꼭짓점에 과학과 예술과 산업을 각각 배치시키면 이 세 개의 점으로 이루어지는 삼각형이 바로 트라이앵글이란 전시를 의미하게 된다.

문제는 도대체 '미디어'가 무엇을 의미하는 것인지, '미디어 시티 서울'이라는 다소 모호한 행사의 성격을 어떻게 규정할 것인지에 있었다. 결국 기획팀의 유일한 과학자인 나의 역량 부족으로 '미디어 시티 서울'은 미디어아트를 다루는 예술 비엔날레로 방향이 정해졌고, 나는 기획이 끝날 무렵 자진 사퇴하게 됐다. 나는 몇 달간 이런 일을 하면서 많은 예술가들과 큐레이터들, 기획자들을 알게 된 걸로 위로를 삼았다.

그 후 2년이 지났다. 그 사이 대한민국은 금융 위기의 충격에서 막 벗어나고 있었다. 어느 날 지하철 벽에 붙은 포스터 하나가 눈에 들어왔다. 거기에는 이렇게 쓰여 있었다. "대한민국은 다시 뜁니다." 섬찟했다. 여태까지 쉬지 않고 뛰다가 이렇게 된 거 아닌가? 이제는 뛰다가라도 잠시 걸음을 멈추고 길 옆에 핀 야생화의 향기를 맡아야 하는 게 아닌가? 뛰기 위해서는 먼저 왜 뛰어야 하는지, 어디로 뛰어야 하는지 생각부터 해야 하는 게 아닌가? 그러고 보니 나도 연구하느라, 논문 쓰느라 열심히 뛰어왔다. 잠시 한눈 팔면서 하고 싶었지만 시간이 없어서 못 했던 것을 해보자. 과학과 예술의 융합을 표방하는 전시 '10년 후'는 이렇게 우연한 기회에 탄생했다.

그 이후 10년

예술과 과학은 미래를 공유하기에 전시회의 키워드는 우선 '미래'로 정했다. '미래'는 우리가 알고 있는 단어 중 가장 희망적인 단어이기도 하다. 젊은 세대에게 미래를 생각할 시간을 주고 싶었다. 과학과 예술이 균형을 유지하며 발전해야 좋은 미래가 열린다는 것을 알리고 싶었다. 그런데 미래라는 것이 구체적으로 언제인가? 내일은 아니고 1년 후도 아닐 것이다. 그렇다고 현재 살고 있는 사람들이 모두 죽고 난 100년 후도 별 의미가 없을 것이다. 그러다 보니 1960년대 말의 히트곡 〈서기 2525년In The Year 2525〉이란 노래가 생각났다. 당시 빌보드 차트에 무려 6주 동안 1위에 머물렀던 이 노래가 그린 미래는 이렇다.

만일 남자가 아직 살아 있고, 여자도 생존하고 있다면,

인간은 더 이상 진실을 말할 필요도 없고,

더 이상 거짓말을 할 필요도 없을 거네.

말하고, 생각하고, 행동하는 것은 모두 이 알약 하나에 담겨 있을

테니까.

이 노래는 3535년, 4545년… 이렇게 1000년 단위로 미래를

이야기하면서 당시에는 일반 대중에게 생소했던 인간 소외, 시

험관 아기, 인간 신체의 기계화, 환경 파괴를 노래한다. 노래 후

반부는 이렇게 전개된다.

서기 8510년

신은 머리를 절레절레 저으며 이렇게 말할지도 모른다.

'인류가 이렇게 오랫동안 생존한 걸 보니 대단하구나.'

아니면 이렇게 말할 거다.

'이제 모든 것을 허물고 새로 시작하는 게 좋겠군.'

서기 9595년

지구는 인간에게 그가 가지고 있는 것들을 남김없이 주었는데,

인간은 지구에게 단 하나도 돌려주지 않았네.

나는 긴 미래를 이처럼 멋있게 이야기할 능력은 없었다. 게다가 아주 가까운 미래는 예술 전시보다 정부보고서나 경제 동향을 살펴보는 게 더 정확할 것이다. 이런 이유로 우리가 다룰 미래를 10년 후로 정했다. 영어로는 '애프터 텐 이어즈After Ten Years'가 정확할 것이나 '텐 이어즈 애프터Ten Years After'로 부르기로 했다. 이걸 다시 우리말로 번역하면 '그 이후 10년'이 된다. 10년 후를 전시하는 전시의 10년 후에 관한 전시라는 의미가 된다.

전시에 참여한 예술가, 이공학자, 인문사회학자 그리고 학생들을 다 합치면 약 100명이 됐고 전시할 작품은 40점이 넘었다. 재미있는 사실은 작품 숫자보다 작품을 가동시키기 위해 동원된 컴퓨터 숫자가 훨씬 많았다는 것이다. 5층 갤러리 공간에 각 층마다 소주제를 정해서 작품들을 전시했다. 리빙 스페이스는 미래 주거 환경의 변화를 이야기했고, 무빙 스페이스는 속도의 변화와 함께 달라지는 공간에 대한 이야기, 휴먼 스페이스는 인간 자신의 변화, 드림 스페이스는 환경의 변화와 생활의 변화를 보여주었다.

어느 날 전시에 참여하기로 한 모든 사람이 한자리에 모여 각자의 계획에 대해 이야기한 적이 있다. 어떤 사람은 이렇게 말했다. "나는 미래의 식탁을 보여줄 겁니다. 미래에는 가족 관계도 지금과 같지 않을 거고, 따라서 가족이 모인 저녁식사 자리도 지금과는 다르겠죠". 또 한 사람이 말했다. "세상은 점점 빨라지고 있어요. 공간을 이동하는 방법도 지금과는 사뭇 다를 겁니다." 우리는 각자 자신이 생각하는 미래의 한 부분을 묘사했다.

그때까지 조용히 앉아 있던 한 작가가 말문을 열었다. "나는 하늘에 떠 있는 달을 보여주려고 해요." 사람들은 의아해했다. 달이 미래에 어떻게 변하나? 그는 이야기를 계속했다. "10년 후에도 달은 지금과 똑같을 겁니다. 아마 영원히 똑같겠죠." 나는 순간 충격을 받았다. 이 세상에는 변하지 않는 고유의 가치도 있구나! 우리가 미래를 이야기할 때, 무엇이 변할까를 보는 것도 중요하지만 무엇이 변하지 않고 그대로 남아야 하는가 혹은 남아 있을까를 생각하는 것은 더 중요할지 모른다. 이 작가가 묘사한 달은 전시장을 조용히 밝혔다.

〈10년 후〉 전시회 포스터

2003년 여름방학에 한 달간 계속된 전시회에는 약 2만 명이 다녀갔다. 모 자동차 회사는 관람객들에게 미래의 자동차에 대해서 구체적인 아이디어를 제시하기도 했고, 천문학자와 사회학자가 공동 작업한 한 작품은 우주에서 들어오는 전자기파가 얼마나 아름다운 형태를 가질 수 있는지 보여주었다. 관람객들은 조금이나마 현대 과학과 예술의 상호작용을 체험하고 미래 사회에 관해 잠시나마 생각할 시간을 가졌을 것이다.

내 이름은 게임

1년 후. 당초 〈10년 후〉 전시는 딱 한 번 할 계획이었으나 생각이 바뀌었다. 전시 기획을 하면서 쌓아놓은 경험이 아까웠다. 큰 성공은 아니지만 첫 번째 전시의 성공도 내 욕심을 부채질했다. 이런저런 고민 끝에 한 번 더 해보기로 했다. 가장 중요한 것은 전시의 주제였다. 이번 주제는 게임으로 정했다. 컴퓨터 게임이 대중화되기 시작했지만, 더욱 중요한 것은 우리의 삶 자체가 게임화되고 있다는 거였다. 이번에도 역시 네 개의 소주제를 끄집어냈다. 먼저 두뇌. 게임은 머리싸움이다. 두 번째로 신체. 어떤 게임은 머리보다는 몸이 먼저 움직여야 한다. 세 번째는 느낌. 머리나 몸보다는 감정과 감성을 자극하는 데 초점을 맞춘 게임도 있다. 마지막 네 번째는 스킨십. 여럿이 함께 즐기거나 온라인 게임과 같이 스킨십을 필요로 하는 게임도 있다.

관객들로부터 가장 호응이 컸던 작품은 〈범죄의 재구성〉이었다. 어느 과학자가 그의 실험실에서 죽은 채로 발견된다. 살인 현장이 바로 전시실이다. 관객은 과학자의 실험실에 들어가서 그의 사인을 밝히고 범인을 찾아야 한다. 관람객의 적극적인 참여를 유도하는 작품이었다.

그런데 두 번째 버전의 〈10년 후〉는 첫 전시보다 관객이 저조했고, 결국 적자를 내고 말았다. 왜 그랬을까? 내용도 알차고 준비도 훨씬 잘했는데 말이다. 이유는 간단했다. 우리 전시와 같은 기간에 다른 곳에서 피카소전이 열렸다. 보통 사람이 일 년에 몇 번이나 미술 전시회에 갈까? 모처럼 마음먹고 전시장을 간다면 어디에 가고 싶을까? 돈이 개입되는 순간, 예술은 산업이 된다.

〈범죄의 재구성〉

산업은 자기 자신에 대한 분석도 중요하지만 경쟁 상대에 대한 분석도 함께 이루어져야 한다. 오래전에 앤디 워홀이 말했다. "예술을 우습게 볼 수는 있다. 그러나 예술 비즈니스를 우습게보면 안 된다. 비즈니스는 심각한 것이다."

로봇이 온다

로봇 격투기, 로봇 축구 등 로봇을 주제로 한 행사는 많다. 그러나 로봇을 예술 차원에서 다룬 행사는 없었다. 〈로봇이 온다〉 전시회 전까지는. 이번 전시 역시 로봇이라는 큰 주제를 네 개의 소주제로 나눴다. 먼저 인간을 꿈꾸는 로봇. 로봇 기술은 계속 발전한다. 언젠가는 인간과 로봇을 구별하지 못할 경지까지 도달할 것이다. 두 번째 소주제는 로봇을 꿈꾸는 인간. 우리는 우리의 신체 부위를 조금씩 기계로 대체해 나가고 있다. 이 추세는 어디까지 이어질 것인가? 어느 순간 우리는 더 이상 인간이 아닐 것이다. 세 번째 주제는 공존. 인간과 로봇이 함께 사는 세상은 과연 어떤 세상일까? 마지막 네 번째 주제는 상상 속의 로봇. 문학 작품과 SF 소설에 나오는 로봇을 다뤘다.

세 번째 전시는 좀 더 산업적 마인드를 가지고 접근했다. 전시는 기획 단계에 가장 많은 시간과 돈이 들어간다. 일단 주제가 무엇이고, 어떤 작가를 초청하고, 어떤 작품을 의뢰하고, 어떻게 작품을 전시할 것인가를 결정하고 나면, 남은 것은 단순히 설치하고 운영하는 과정이다. 그렇다면 동일한 전시를 여러 도시를 돌며 하면 좋지 않겠나. 첫 번째 전시는 대전, 두 번째는 서울 그리고 세 번째는 창원에서 열기로 결정했다. 규모를 줄여서 부산에서도 개최했다. 창원 전시가 가장 반응이 좋았다. 왜 그랬을까? 이번 전시의 부제는 '백남준에서 휴보까지'였다. 마침 창원 전시를 오픈하기 전날, 백남준 씨가 세상을 떠났다. 당연히 사람들은 '백남준'이란 단어에 반응했다.

여기서 얻은 교훈이 있다. 예술에서는 브랜드가 매우 중요하다. 그리고 예술 비즈니스에는 운도 따라야 한다.

우주의 체험

간단한 질문 하나. 다음 중 길이가 가장 긴 것은? ①서울에서 부산까지의 거리. ②지표면에서 해저 가장 깊은 곳까지의 거리. ③지구에서 우주까지의 거리. 대다수 사람들은 ③번을 택한다. 그다음으로는 ②번이다. ①번을 선택하는 사람은 거의 없다. 그런데 정답은 1번이다. 서울에서 부산까지는 400킬로미터가 넘는다. 지표면에서 바닷속 가장 깊은 곳까지는 대략 10킬로미터이니 지표면에서 가장 높은 에베레스트 산까지의 거리와 엇비슷하다고 보면 된다. 지구에서 우주까지의 거리는 사실 하나의 정답이 존재하지 않는다. 왜냐하면 어디까지가 지구이고 어디서부터가 우주인지 정의하기에 따라 답이 달라질 수 있기 때문이다. 그럼에도 불구하고 공기가 전혀 없고 지구의 여러 가지 영향권에서 벗어나 있는 곳을 우주라고 본다면, 대충 100킬로미터 바깥에서부터 우주가 시작된다고 해도 틀린 말이 아니다. 말하자면 대략 서울에서 세종시까지의 거리를 수직으로 올라가면 우주에 도달할 정도로 우주는 가까이 있다. 우주는 누구에게나 똑같은 거리에 있다.

그럼에도 불구하고 일반인의 우주에 관한 지식은 전무할 정도고 사실 관심도 없다. 영어로 코스모스cosmos, 유니버스universe, 스페이스space는 각각 다른 의미를 내포하지만 우리말로는 모두 우주로 번역할 수밖에 없는 것만 봐도 알 수 있다. 이런 이유로 네 번째 〈10년 후〉 전시에서는 우주를 우리 눈높이로 가져오기로 했다.

이번에도 역시 전시 구성은 크게 네 개의 소주제로 나눴다. 첫 번째 주제는 우주의 시공간이었다. 찰나와 영원이 통하는 우주적 시간과 무한한 우주 공간 그리고 인간의 시야가 가진 한계로 인해 왜곡되어 보이는 우주 공간의 본모습을 보여주고자 했다. 두 번째 주제는 현실로서의 우주였다. 우리는 우주의 한 지점에 살고 있고, 지금도 세계의 여러 천문대에서는 우주 관찰 데이터를 쏟아내고 있다. 지구 환경과 너무도 다른 우주는 그 자체를 보고 듣는 것만으로도 경이로운 예술 체험이 될 것이다. 세 번째 주제는 가상현실로서의 우주였다. 현재를 살아가고 있는 우리 가운데 살아생전에 우주 여행을 체험할 수 있는 사람이 몇 명이나 될까? 가상현실 기술을 통해 우주를 전시장에 옮겨 오고 싶었다. 마지막 주제는 공상으로서의 우주였다. 우리는 SF 소설이나 영화를 통해 때론 기괴한 우주인을, 때론 인간과 너무도 닮은 우주인을 만난다. 또 은하계를 여행하며 온갖 상식이 뒤집히는 모험을 하기도 한다. 우주에 대한 우리의 상상력은 계속해서 진화하고 있다.

우주는 인간에게 새로운 프런티어다. 산이 있으니까 산에 올라가듯이, 우주가 우리 앞에 펼쳐져 있으니까 탐험을 하는 것이다. 우주는 정치적으로도, 경제적으로도, 나중에는 인류의 생존을 위해서도 중요하다. 그곳에 가는 것은 단지 과학기술만의 문제가 아니다. 과학기술 이전에 믿음이 있어야 하고, 그 믿음은 소설, 미술, 음악, 영화, 연극, 뮤지컬 등과 같은 예술을 통해 생겨나

우주 여행

고 공유될 수 있다. 그런 면에서 예술은 믿음을 만들고 과학은 믿음을 실현한다고도 볼 수 있다.

DYI 우주

몇 년 전 우리나라 청소년들이 우주 여행을 한다는 주제로 짧은 입체 영상을 만든 적이 있다. 이 입체 영상은 모 과학관의 요청으로, 과학관을 찾는 관람객들이 우주 여행을 간접 체험하도록 제작한 것이다. 영상 제작을 마치고 사운드를 입히는 과정에서 고민거리가 생겼다. 우주선 발사 과정에서 가장 가슴이 두근거리는 순간은 카운트다운을 할 때다. 이걸 한국어로 "열, 아홉… 셋, 둘, 하나"로 해야 하나? 아니면 영화에서 흔히 보듯이 "쓰리, 투, 원"으로 해야 하나? 우리나라 우주선이니 당연히 한국어로 사운드를 입혔다. 그런데 뭔가 어색했다. 우리나라에서 화성행 우주선을 발사한다는 것도 그렇고, 하늘로 올라가는 도중에 사고라고 날 것 같은 불길한 느낌이 들었다. 고민 끝에 영어로 바꿨다. "텐, 나인… 쓰리, 투, 원, 제로". 그리고 "리프트 오프!" 우주선은 굉음과 함께 하늘을 향해 멋있게 솟아올랐다. 순간 자괴감이 들었다. 왜 우리나라가 우주선을 쏘아 올리는 상황이 이렇게 어색하게 느껴지는가?

나도 다른 사람들과 마찬가지로 어려서부터 우주를 배경으로 하는 소설을 읽고 영화도 보며 꿈을 키웠다. 우주라는 미지의 세계를 탐험하고, 외계인과 친구가 되거나 외계인의 침략으로부터 지구를 구하는 그런 작품들 말이다. 그런데 영화에서 우주를 탐험하고 지구를 구하는 주인공들은 모두 백인, 미국인들이었다. 가끔 한국인은 아니더라도 동양인이 등장하긴 하지만 그들은 조연급도 아닌 극히 제한적인 역할에 머무른다. 우리는 할리우드 영화에 익숙해지고 길들여져서 우주 탐험에 관한 한 그 주역은 서양인일 것이고, 당연히 서양인이어야 할 것이라는 잘못된 믿음을 가지고 있다.

기성세대는 그렇다 치고, 다음 세대에게는 우리도 우주 탐험의 개척자가 될 수 있고, 주인공이 되어야 한다는 믿음을 불어넣어주어야겠다고 다짐했다. 그 후 우주를 소재로 하는 어린이 뮤지컬도 제작했고, 〈10년 후〉 전시에서도 우주를 주제로 전시를 하기도 했다. 마침 2009년은 유네스코가 지정한 천문의 해였다. 이번 전시 제목은 'DIY 우주'로 정했다. 메시지는 단순명료했다.

DYI 우주

우주를 관찰의 대상으로 보지 말자. 우주는 우리가 직접 개입해 고 참여하는 거다. 미래학자 피터 드러커도 말했다. "미래는 예측 하는 것이 아니라 직접 만드는 것이다."

앞서 언급한 노래 〈서기 2525년〉은 9595년까지의 상황을 빠 른 템포로 전개하더니, 마지막 구절에서는 슬로우다운하면서 충 격적으로 마무리 짓는다.

이제 일만 년이 흘렀고,
그동안 인간은 수십억 방울의 눈물을 흘려야 했지.
영원한 밤을 관통하고, 반짝이는 별빛을 뚫고
이렇게 멀리 날아왔는데,
이 긴 시간이 흐른 지금이 바로 어제였지 않았을까?

〈10년 후〉 첫 번째 전시를 하고 10여 년이 흘렀다. 전시에서 다루었던 삶, 게임, 로봇, 우주에 대한 이야기는 지금도 유효하 다. 과학과 기술은 10년 사이에 엄청나게 발전했지만 예술이 던 졌던 근본적인 질문은 그대로 남아 있는 것을 알 수 있다. 입체주 의 화가 조르주 브라크는 이렇게 말했다.
"예술은 선동하지만 과학은 안심시킨다."

죽기 훨씬 전에
가봐야 할 뮤지엄

인생은 미술관을 돌아다니는 것과 같다.
시간이 한참 지난 후에야 우리가 본 것을 기억하고
다시 공부하게 되고 이해하니까 말이다.

오드리 헵번 Audrey Hepburn

23

요즘은 세계 어딜 가든지 한국인 여행객을 만난다. 패키지 관광객도 늘었으나 개별 여행자들, 특히 부부 동반이나 가족 단위 여행객들이 많이 늘었다. 이들 손에는 한결같이 두꺼운 여행 가이드북이 들려 있다. 여기 소개되어 있는 곳들만 다녀도 죽기 전에 다 보기 힘들 것이다. 이 책에서 여러 차례 강조했지만 과학과 예술은 우리 사회의 정수다. 그리고 사회라는 큰 수레의 두 바퀴로서, 사회를 움직이는 원동력이다. 여행하면서 그 사회와 그 도시와 그 국가의 원동력인 과학과 예술을 직접 체험하는 것은 무엇보다 의미 있고 가치 있는 일이 될 수 있다. 그런 고급 체험은 인간을 업그레이드시키기 때문이다. 이왕 자기 자신을 업그레이드할 거라면 가급적 젊었을 때 하자. 에펠탑과 개선문은 나이 들어 봐도 크게 문제없다. 그러나 라파엘로의 성모자상과 칼 세이건의 《코스모스*Cosmos*》를 보는 데는 체력과 집중력이 필요하다. 죽기 전까지 기다리지 말자.

내가 다녀본 곳 중 15쌍을 선별해서 독자들에게 추천하려 한다. 개별 미술관으론 이들보다 더 유명하고 멋진 곳도 많다. 역시 개별 과학관들 중엔 내가 선정한 과학관들보다 더 좋은 곳들도 많다. 그러나 여행 중 한 도시에 들렀을 때 하루에 월드 클래스 과학관과 미술관을 동시에 관람하긴 쉽지 않다. 이 책에 소개된 순서는 아무 의미 없으며 무작위로 나열했음을 밝힌다.

뉴욕: 메트로폴리탄 뮤지엄 + 센트럴파크 + 자연사박물관

아침 일찍 센트럴파크를 산보하는 걸로 하루를 시작하자. 개장 시간에 맞춰서 메트로폴리탄 뮤지엄에 들어간다. 이곳을 한마디로 정의하면 미국 최고의 박물관이다. 고대 이집트 미술부터 현대 미술까지 골고루 갖췄다. 한국인 케빈 박이 박물관 디스플레이 테크놀로지를 총괄하고 있다. 쉽게 말해 컴퓨터와 모니터가 들어간 곳은 전부 그의 손을 거친다고 보면 된다. 중국관, 일본관만큼 크지는 않지만 한국관도 있다. 물론 한국관을 전담하는 한국인 큐레이터에 의해 운영된다. 점심은 뮤지엄 내에서 해결하자. 뮤지엄을 나와 센트럴파크를 가로지르면 그 맞은편에는 자연사박물관이 있다. 박물관 전체를 둘러볼 시간이 부족하다면 헤이든 천체관Hayden Planetarium만이라도 가보자. 이 천체관은 밖에서 봐도 아름답지만 안으로 들어가면 더 아름답다.

메트로폴리탄 뮤지엄. 고대 이집트 전시관

자연사박물관 내 헤이든 천체관

스미소니언 인스티튜트Smithonian Institute라는 큰 우산 아래에서 운영되고 있는 워싱턴D.C.의 뮤지엄들은 모두 입장료를 받지 않는다. 게다가 스트리트 파킹도 무료다. 단, 두 시간마다 자동차를 다른 곳으로 옮겨야 하는 불편함은 감수해야 한다. 워싱턴국립미술관은 서관과 동관으로 나뉘는데 지하 복도로 연결된다. 오전에 서관에서 시작해서 점심때쯤 지하 복도 가운데에 있는 카페테리아에서 식사하고 동관으로 가면 된다. 그러고 나서 오후에 길 건너 워싱턴국립항공우주박물관으로 간다.

과학은 새로운 세계의 탐험이다. 새로운 세계가 인간 내면의 세계이든, 소립자의 세계이든, 눈에 보이는 가시 세계이든, 거대 천체 세계이든 간에 말이다. 탐험하려면 무엇보다 용감하고 모험심이 강해야 한다. 워싱턴국립항공우주박물관은 테크놀로지보다는 인간의 탐험 정신을 보여준다. 생각해보라. 아무 보상 없이 순전히 더 높이, 더 빨리 하늘과 우주에 올라가는 것은 얼마나 큰 용기를 필요로 하겠나?

시간적 여유가 있으면 인근 자연사박물관, 내셔널 아카이브 뮤지엄, 허시번Hirshburn 조각 뮤지엄, 미국역사박물관, 미국초상화박물관도 가볼 만하다. 특히 미국초상화박물관 아래층에서 백남준의 거대한 작품을 보며 뿌듯한 자긍심을 느껴보는 것도 괜찮다. 혹시 언론인이나 PD가 꿈인 자녀가 있으면 뮤지엄 스트리트 뒤편에 위치한 뉴지엄Newseum에 가볼 것을 권한다. 단, 이곳

은 입장료를 내야 한다.

도쿄: 국립과학미래관 + 국립근대미술관

도쿄에도 자연사박물관이 있으나 이곳보다는 시내에서 조금 떨어진 국립과학미래관에 가보길 권한다. 내 경험을 한마디로 요약하면, 이웃 나라지만 정말 부럽다. 이곳은 어린아이들로 하여금 과학자를 이상적인 본보기로 삼게끔 자국 현직 과학자들의 업적을 소개하고 있다. 100만 개의 LED로 만든 직경 6.5미터, 무게 15톤의 지구 모형은 꼭 봐야 할 전시물이다. 국립근대미술관은 아마도 동양에서는 가장 내용이 충실한 서양 미술관이 아

도쿄 국립과학미래관

닌가 싶다. 유럽이나 미국에서도 보기 힘든 호안 미로Joan Miro나
조르주 루오Georges Rouault의 작품을 감상할 수 있고 정원에선 오
귀스트 로댕의 〈생각하는 사람〉과 〈지옥의 문〉도 만져볼 수 있
다. 무엇보다, 해외 유명 박물관에 가면 마주치는 단체 관광단을
이곳에서는 보기 힘들어 조용한 분위기에서 작품을 감상할 수
있다.

런던: 내셔널 갤러리 + 사이언스 뮤지엄

설명이 필요 없다. 영국은 미술에서는 홀바인, 조슈아 레이놀

즈, 토머스 게인스버러, 터너가 활약했고, 과학에선 뉴턴과 다윈을 배출한 나라다. 세계 최초로 왕립 아카데미와 왕립 과학 소사이어티를 설립한 나라답게 최고의 미술관과 최고의 과학박물관이 있다.

파리: 라빌레트 과학관 + 과학산업 뮤지엄 + 시립현대미술관

어떻게 하나? 파리에 가면 할 것, 볼 것이 너무 많다. 파리는 예술의 도시다. 한동안 주한 프랑스 외교관 한 분과 친분을 나눈 적이 있다. 그분이 항상 아쉬워했던 것이 왜 한국인들은 프랑스 하면 예술만 떠올리느냐는 것이었다. 프랑스는 세계 최고의 과학 강국임에도 불구하고 프랑스 과학에 대해 너무 모르고 있다는 것이었다. 실제로 우리가 학교 다닐 때 배운 기라성 같은 수학자와 과학자들—블레즈 파스칼, 르네 데카르트, 앙투안 라부아지에—중 거의 절반은 프랑스인들이다.

프랑스의 과학 문화는 파리 외곽에 위치한 라빌레트 과학관에서 체험할 수 있다. 전 세계에서 가장 아름다운 과학관이 아닐까 한다. 프랑스답게 과학 전시도 예술적이다. 과학산업 뮤지엄은 중세 성당을 개조한 곳으로, 과학보다는 프랑스 기술과 산업의 역사를 전시하고 있다. 프랑스 최초의 증기선박(모형), 비행기, 기차, 자동차 그리고 그 유명한 푸코의 진자와 같은 역사적 기술 유물들이 어두운 중세 성당 한가운데에서 빛을 받으며 전시되어 있는 광경은 마치 초현실 세계에 들어온 듯하다.

파리 과학산업 뮤지엄

　미술관은 굳이 이 책에서 소개하지 않아도 알아서들 잘 찾아
다닐 것이다. 그래도 우리나라 관광객의 일순위는 아니지만 적
극 권하고 싶은 곳이 한 곳 있다. 특히 이곳은 과학산업 뮤지엄과
궁합이 잘 맞는다. 파리 시립현대미술관 입구 왼편 큰 홀에는 1
장에서 소개한 라울 뒤피의 '전기 벽화'가 빛을 발하고 있다. 이
것만 봐도 충분하지만 시간 여유가 있는 분들은 상설 전시관으
로 내려가자. 많은 인상주의 작품들을 만날 수 있다. 조금 과장된
표현이지만 나는 그 유명한 오르세 미술관보다 이곳이 더 좋았
다. 관람 후에 센 강변을 따라 지하철역으로 걸어가다 보면 에펠

탑을 배경으로 사진 찍기 좋은 장소를 발견할 수 있다.

빈: 미술사박물관 + 자연사박물관

오스트리아는 땅덩어리가 큰 나라가 아니다. 한때는 신성로마제국의 심장부였으나 1, 2차 대전을 겪으면서 영토가 많이 줄었다. 그래도 여전히 오스트리아의 수도 빈엔 문화예술뿐 아니라 과학기술의 향기가 가득하다. 빈에 가면 무엇보다 뮤지엄들이 모여 있는 뮤지엄 쿼터에 가야 한다. 근대미술관, 현대미술관, 어린이 체험관 등, 뮤지엄 쿼터에 있는 뮤지엄들은 식사에 비유하자면 애피타이저에 해당한다.

뮤지엄 쿼터를 나와서 길을 건너면 메인 코스로 넘어간다. 2장에서 소개한 자연사박물관과 미술사박물관이다. 혹시 이걸로 성에 안 차는 분들을 위해 디저트에 해당하는 기술박물관Techniche이 기다리고 있다. 여기 가면 과학과 공학기술의 차이를 피부로 느낄 수 있다. 독일과 오스트리아의 공학기술 전통은 대단하다. 기술박물관이 조금 부담스러운 분에게는 음악박물관을 추천한다. 음악과 사운드를 매우 예술적이면서도 과학적으로 전시하고 있다.

린츠: 아르스 일렉트로니카 센터 + 현대미술관

빈에서 고속열차로 약 두 시간 거리에 있는 린츠Linz 역시 2차 대전 당시 연합군 폭격으로 도시가 많이 파괴됐다. 그도 그럴 것이 린츠엔 나치 독일에 군수품을 보급하는 공장들이 즐비했다. 린츠는 아픈 과거를 가지고 있는 도시다. 히틀러의 출생지이기 때문이다. 경제적, 정치적으로 활로를 찾아야 했던 린츠는 우회 작전을 펼친다. 바로 문화예술의 도시로 포지셔닝하는 것이었다. 그러나 다른 유럽 도시들에 비해 문화적 전통이 약한 린츠는 첨단 과학과 예술을 융합하는 방향으로 특화하기로 했다.

그 일환으로 1979년, 작은 규모로 아르스 일렉트로니카Ars Electronica라는 전자예술 페스티벌을 개최하기 시작했다. 해를 거듭하며 이 행사는 이 분야 최고의 국제 행사로 자리매김했다. 그리고 린츠 시는 이 행사를 주관하면서 연구과 창작을 지속적으로 할 수 있는 아르스 일렉트로니카 센터를 설립했다. 아침 일찍 빈을 출발하면 오전 중에 린츠에 도착한다. 먼저 관광객용 1일 패스를 구입한다. 이걸 가지면 아르스 일렉트로니카 센터는 물

린츠 아르스 일렉트로니카 센터

론, 강을 사이에 두고 서로 마주 보고 있는 시립현대미술관을 비롯해서 린츠에 있는 주요 랜드마크를 모두 관람할 수 있다. 앞서 언급한 페스티벌은 매년 9월 초에 열린다. 첨단 테크놀로지 예술에 관심이 있다면 꼭 한번 참관하길 권한다.

싱가포르: 아트-사이언스 센터 + 싱가포르 아트 뮤지엄

알다시피 싱가포르는 도시 국가다. 쇼핑의 천국, 관광의 천국, 엔터테인먼트의 천국으로 알려져 있다. 인류의 기술이 더 발전하면 도시 전체를 유리 돔으로 덮을 날이 머지않아 올 것이다. 그때까지는 싱가포르에서 간혹 찌는 듯한 길거리로 걸어 다니는 수고를 해야 한다. 싱가포르에 가는 사람치고 문화나 예술, 과학을 체험하러 가는 사람은 드물 것 같다. 그럼에도 불구하고 쇼핑과 놀이에 지친 분들을 위해, 호숫가에 위치한 루이비통 매장부터 시작한다. 왜냐고? 이 매장은 거의 뮤지엄 수준이라 명품 가방을 사지 않더라도 구경할 만하다.

루이비통 매장에서 나오면 바로 오른편에 거대한 연꽃 형상의 아트-사이언스 센터Art & Science Center가 보인다. 나는 세 차례 방문했는데, 방문할 때마다 최고 수준의 과학과 예술을 융합한 전시가 열리고 있었다. 건물 밖에는 아니시 카푸르Anish Kapoor의 거울 작품이 설치되어 있으니 이것도 놓치지 말자.

그동안은 홍콩이 상업적 측면에서 아시아 현대미술의 중심 역할을 해왔다. 그러나 근래 홍콩의 정치적, 사회적 불안정과 더

싱가포르 아트-사이언스 센터

불어 싱가포르의 경제적 번영을 계기로 싱가포르 정부는 순수예
술 분야를 전략적으로 키우고 있다. 혹시 방문 기간 중 우연히 싱
가포르 아트 페어가 열리고 있다면 이것도 놓칠 수 없다. 아트 페
어가 없더라도 실망하지 말자. 싱가포르 아트 뮤지엄Singapore Art
Museum이 있다. 전시 작품의 퀄리티는 그다지 높지 않으나 가끔
독특한 기획전이 열린다. 1900년대 영국 식민시 시대 건물을 리
모델링한 뮤지엄 건물 자체도 아담하고 정취가 있다. 어린이를
동반한 여행객이라면 지하철 노선의 거의 종점에 위치한 싱가포
르 과학관Singapore Science Center도 좋다. 우리나라 국립과천과학
관보다는 한 단계 위다.

샌프란시스코: 컨템퍼러리아트 뮤지엄 + 익스플로라토리움

두 뮤지엄 모두 주변 분위기가 좋고 야외 활동하기도 좋다. 익스플로라토리움Exploratorium은 말 그대로 체험하는 곳이다. 과학은 눈으로 보는 것이 아니라 몸으로 움직이는 것이라는 걸 실감할 수 있다. 게다가 기발한 방법으로 어려운 과학을 이해시킨다. 컨템퍼러리아트 뮤지엄Museum of Contemporary Art은 건물도 독특하고 전시 작품들도 세계 정상급이다. 다만 샌프란시스코가 어떤 곳인가? 베트남 전쟁이 한창일 때 히피들에 의해 플라워 무브먼트가 시작된 곳이다. 지금도 미국에선 가장 진보적인 도시라고 할 수 있다. 그런 만큼 컨템퍼러리아트 뮤지엄이나 그 주변에서 약간 진보적인 작품을 보더라도 당황하지 말자.

보스턴: 보스턴 미술관 + MIT 뮤지엄

서울에서 돌을 던지면 대충 김 씨가 맞는다고 한다. 보스턴에서 돌을 던지면 공산주의자가 맞는다고 할 만큼 보스턴은 급진적인 도시였다. 그래서 돈 많은 보수층 집안에서는 자녀를 보스턴에 있는 하버드대학에 보내지 않고 보수적인 예일대학에 보냈다고 한다. 물론 지금은 많이 희석됐지만 보스턴은 여전히 매우 진보적인 도시다. 보스턴 미술관Boston Fine Art Museum은 이 진보적 도시에서 가장 보수적인 취향을 느낄 수 있는 곳이다. 이곳 말고도 보스턴에는 좋은 박물관이 여러 개 있다. 특히 하버드대학 피바디 뮤지엄Peabody Museum은 꼭 한번 가보길 권한다. MIT 뮤지

MIT 뮤지엄

엄은 이 유서 깊고 독특한 대학에서 주도한 온갖 발명품들을 보여주는 것은 물론이고 MIT 학생들의 끼와 문화와 전통을 느낄 수 있는 곳이다.

로스앤젤레스: 게티 센터 + 과학산업박물관

로스앤젤레스 외곽에 위치한 게티 센터Getty Center에 들어가는 방법은 조금 독특하다. 주차장에 차를 세우고 언덕 위에 위치한 뮤지엄에 가는 트롤리를 타야 한다. 언덕 위에서 보는 로스앤젤레스 다운타운의 경관이 멋지고 날씨가 좋을 때는 태평양도 보인다. 건물과 정원 구경만으로도 본전은 뽑는다. 이 뮤지엄을 건립할 때 환경 파괴 논란이 있었다고 한다. 결국 단 한 줌의 흙도 반출, 반입하지 않기로 하고 공사를 시작했다. 설계를 맡은 세계적 건축가 윌리엄 로저스가 건축 현장에서 살다시피 하면서 대리석 하나하나 꼼꼼히 체크하다보니 세 발 자건거를 타고 놀던 로저스의 어린 딸이 대학에 갈 때가 되어서야 완공됐다고 한다. 전시물은 주로 중세 내지는 르네상스 시대 작품들이 주를 이룬다. 그러다 보니 미술에 큰 관심을 갖고 있지 않은 사람은 조금 지루할 수도 있다.

게티 센터에서 받은 감동을 연장하고 싶다면 조금 욕심을 내어 게티 빌라로 향하자. 게티 빌라는 차로 30분 정도 떨어진 태

로스앤젤레스 과학산업박물관

평양 연안에 위치하고 있다. 이곳을 한마디로 설명하자면, 로마의 귀족 저택을 그대로 옮긴 곳이다. 참고로 이런 멋진 뮤지엄들을 후세대에 남긴 폴 게티 Paul Getty 자신은 예술에 문외한이었다고 한다. 사우스캘리포니아대학 바로 맞은편에 위치한 과학산업박물관Science & Industrial Museum은 전형적인 과학박물관이지만 모든 것이 풍족한 캘리포니아답게 전시품들에서도 부티가 흐른다. 전시장 밖에 있는 장미정원은 결혼 기념 촬영지로도 인기 있을 만큼 잘 가꾸어져 있다. 이왕 여기까지 왔으니 길 건너 사우스캘리포니아대학 캠퍼스도 거닐어보자. 명문 사립대학인만큼 캠퍼스도 아름답다.

실리콘밸리: 테크 뮤지엄 + 산호세 미술관

실리콘밸리라고 하는 곳은 한 도시 내의 한 구역이 아니다. 남쪽으로는 산호세부터 시작해서 북쪽으로는 거의 샌프란시스코까지 태평양 연안을 따라 연결된 긴 골짜기 지역 전체를 지칭한다. 그 중간쯤 되는 곳에 명문 대학으로 널리 알려진 스탠퍼드대학이 있다. 실리콘밸리는 예술보다는 테크놀로지로 더 유명하지만 실리콘밸리에서 가장 큰 도시 산호세는 나름대로 예술적 아우라를 지닌 곳이다. 시내 한복판에 위치한 테크 뮤지엄 The Tech에선 첨단 테크놀로지를 활용해 과학을 직접 체험할 수 있다. 개인적으로 가장 좋아하는 과학박물관이다.

길 건너에는 산호세 미술관San Jose Museum of Art이 있다. 크기는 작지만 전시 퀄리티는 꽤 높다. 또한 저녁에 콘서트를 즐길 수 있는 콘서트홀도 있고 쇼핑 거리도 있다. 이 모든 것이 넘어지면 코 닿을 거리에 모여 있다. 시간 여유가 있는 분에게는 외곽에 위치한 컴퓨터 뮤지엄을 권한다. 원래는 보스턴 시내에 있던 것을 디지털의 본산지인 이곳으로 옮기면서 확장 보완했다.

밀라노: 현대미술관 + 과학기술관

밀라노 하면 패션이 떠오른다. 그러나 밀라노는 패션 이전에 예술과 과학의 도시다. 게다가 이탈리아에서 가장 산업이 발달한 도시다. 레오나르도 다빈치가 터줏대감인 도시이기도 하다. 다빈치의 고향은 피렌체였으나 밀라노에 몇 년 있으면서 그 유명한 〈최후의 만찬〉 벽화를 그렸다.

미술관도 여럿 있으나 일단 두오모 성당 광장 왼편에 자리 잡은 현대미술관에서 시작하자. 20세기 초 밀라노를 중심으로 일어난 미래주의의 진수를 맛볼 수 있다. 관람을 마친 후에는 광장을 가로질러 쇼핑몰로 가서 점심을 해결하고 쇼핑몰 반대편으로 나오면 다빈치의 동상이 기다린다. 과학기술관은 시내 중심가에서 조금 떨어진 곳에 있다. 이곳에서는 다른 무엇보다 레오나르도 다빈치의 발명품들을 직접 볼 수 있다. 다빈치가 실제로 제작한 것은 아니나 그의 노트를 참조하여 충실히 복원해놓았다. 그 외에도 이탈리아 과학의 저력을 실감나게 체험할 수 있다. 디자인의 도시답게 재미없고 어려운 과학을 시각적으로 세련되고 멋

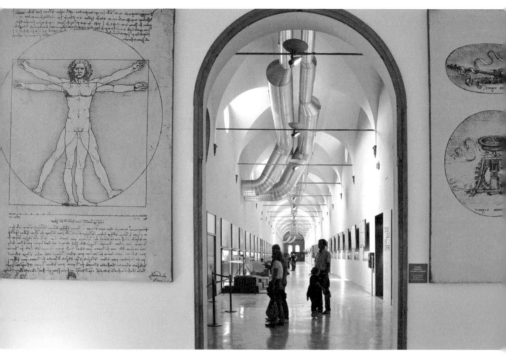

밀라노 과학기술관

있게 전시한 솜씨도 눈여겨볼 만하다. 두 곳 외에도 브레라 미술
관Brera Museum, 디자인 뮤지엄, 라 스칼라 오페라관도 그냥 지나
치기 아까운 명소들이다.

아테네: 국립박물관 + 헬레니즘 코스모스

서양 문명의 원조인 그리스를 빼고 과학과 예술을 논하면 섭
섭하다. 아테네에 가면 아크로폴리스를 비롯해서 꼭 봐야 할 것
이 너무 많다. 국립박물관은 당연히 기본 관광 코스에 들어갈 것

이다. 그러나 헬레니즘 코스모스Helenistic Cosmos는 일반 관광객에게는 잘 알려져 있지 않은 곳이다. 규모도 크지 않아 한번 둘러보는 데 많은 시간이 소요되지 않는다. 여기서 놓치지 말아야 할 것은 3D 입체 가상현실 극장이다. 고대로 돌아가서 아크로폴리스 일대를 가상 비행하는 체험을 할 수 있다.

과천 국립현대미술관, 국립서울과학관

등잔 밑이 어둡다고 해도 우리나라를 대표하는 과학관과 미술관은 가봐야 하지 않겠나? 과천 국립서울과학관에 가는 길은 비교적 쉽다. 지하철에서 내려 정문을 찾으면 된다. 문제는 과학관 안에 들어가서다. 병아리 떼 같은 유치원생들을 제외하면 성인 관람객은 별로 없어서 조금 민망할 수 있다. 그러나 이게 우리나라 과학 대중화의 현실이라 생각하고 자부심을 갖고 관람하자. 혹시나 과천 국립서울과학관을 찾기 어려운 분들은 베이징 국립과학관을 추천한다. 정문을 들어서면 중국 최초의 우주인을 볼 수 있다. 여기서 우주인과 함께 기념 촬영을 하자.

국립과학관 답사를 마치면 국립현대미술관을 찾아보자. 나도 여러 번 갔지만 매번 갈 때마다 길이 헷갈린다. 2014년에 국립현대미술관 서울관이 문을 열었다. 하지만 과천관이 (공식적으로는) 본점이고 서울에 있는 것은 이를테면 분점에 해당한다. 상설 전시장에는 백남준의 〈다다익선〉을 포함해 우리나라 현대 미술의 흐름을 느낄 수 있는 작품들이 전시되어 있다.

문화기술연대기

Quo Vadis, Culture Technology?
문화기술이여, 너는 어디로 가는가?

원광연

24

1990년, 12년간의 외국 생활을 접고 귀국했다. 세상만사와 격리되어 순수한 연구에 매진하는 것도 재미있는 일이다. 그동안 그렇게 살아왔다. 본업은 인공지능이지만 귀국 바로 전에는 서양 회화를 계산학적으로 분석하는 연구에 빠졌다. 액수는 크지 않지만 프랭클린 재단이라는 단체로부터 연구비 지원도 받았다. 나는 이 새로운 연구 주제에 '계산 회화론Computational Painting'이라는 신조어를 붙였다.

그러나 귀국해서 역동적으로 움직이는 한국 사회에 다시 발을 들여놓게 되니 생각이 달라졌다. 무언가 좀 더 일반 대중의 삶에 직접 관여하는 일을 해보고 싶어진 것이다. 마침 주 5일 근무제가 조만간 시행된다고 한다. 하루를 더 쉬게 되면 사람들은 뭘 하고 싶을까? 하루 더 술을 마실까? 아니다. 자기계발에 시간을 더 투자할 것이다. 운동도 하고, 그림도 그리고, 악기도 다루고….

7080

내가 꼭 해보고 싶었지만 못 한 게 하나 있으니, 피아노 치는 거다. 어렸을 때 억지로 피아노 교습을 받은 적이 있지만 마음은 골목길에서 딱지 치는 친구들에게 가 있었던 탓에 피아노가 제대로 머리에 들어올 리 만무했다. 결국 한 달도 못 가서 집어치우고 말았다. 어머니의 이상이 나의 현실 앞에서 무릎을 꿇은 것이다. 신혼 초에도 그림을 배우려고 동네 미술학원에 간 적이 있지만 주로 입시를 앞둔 고등학생들로 꽉 찬 학원에 적응하지 못해 이것 역시 학원 등록비만 날리고 포기한 기억이 있다. 피아노든 그림이든, 어른이 되어서 시작하는 것은 쉬운 일이 아니다. 그래서 피아노를 가르쳐주는 소프트웨어를 개발하기로 결심했다.

1991

먼저 해야 할 일은 연구비를 확보하는 것이었다. 무작정 한 기업을 방문해서 내 의도를 설명하고 연구비를 타냈다. 그다음은 이 프로젝트에 참여할 연구진을 구성하는 거다. 피아노 교육이라는 특성상, 피아노 연주자와 교육 전문가가 필요했다. 소프트웨어를 개발하는 거니 당연히 프로그래머도 필요했다. 그리고 시각디자이너도 구했다. 이제 드림팀을 구성했으니 남은 일은 이들이 일을 잘하도록 옆에서 응원하는 거다. 그런데 기업체와 약속한 6개월이 지나도록 제대로 시작조차 못했다. 결국 내가 계획했던 소프트웨어가 나오기까지 무려 2년이란 세월이 필요했다. 나의 처음이자 마지막 상용 소프트웨어 개발은 이렇게 실패로 끝났다. 그리고 나에게 연구비를 대준 회사도 망했다. 나 때문이 아니라 회장님의 무리한 해외 사업 확장 때문이었다는 점은 확실히 짚고 넘어가자.

1992

무엇이 문제였을까? 다양한 전공자들을 모아놓고 서로 협력해서 일하기를 바랐으나 그들끼리 대화가 되지 않았다는 것이 문제였다. 대화는커녕 가치관의 차이로 인해 상호 신뢰조차 형성되지 않았다. 일 년 정도 지나서야 서로를 이해하고 대화가 가능해졌다. 실제 소프트웨어를 만드는 데는 내가 처음에 예상했던 대로 6개월이면 충분했다. 비싼 수업료를 내고 배운 것이 있다. 이질적인 분야를 융합하는 데 가장 핵심 사항은 다름 아닌 사람들의 융합이라는 것이다.

1993

나는 무에서 유를 창조하는 사람들을 존경한다. 물론 이미 있는 것을 잘 유지하거나 관리하는 것도 쉬운 일은 아니지만 새로운 것을 만드는 일은 차원이 다르다. 그런 사람 중에 부산국제영화제를 만들고 초기 몇 년간 집행위원장을 지낸 김동호 위원장이 있다. 그를 처음 알게 된 것은 오래전인 1990년대 초였다. 당시는 우리나라 영화산업이 가장 밑바닥을 찍고 있을 때였다. 영화산업을 부흥시키자는 무슨 위원회의 위원장을 맡은 그는, 어찌 된 영문인지 공학계에 있는 나를 위원회에 초대했다. 여러 의견이 오가던 중, 나는 한 가지 흥미로운 점을 발견했다. 그들은 영화를 소프트웨어라고 불렀다. 그때까지 나에게 소프트웨어라는 것은 컴퓨터 소프트웨어를 의미했다.

영화라고 하는 문화적 소프트웨어와 프로그램이라고 하는 기술적 소프트웨어는 그냥 명칭만 같은 건가? 아니면 뭔가 공통점이 있을까? 나는 오랜 시간 동안 이 둘 간의 차이와 공통점을 분석했다. 그 결과 둘 사이에 의외로 공통점이 많다는 것을 알게 됐다. 비단 영화와 프로그램뿐만 아니라 예술과 과학, 문화와 기술 역시 큰 틀에서 보면 공통점도 많고 서로 대화할 것과 주고받을 것도 많다는 걸 알게 됐다. 그렇다면 어떻게 이 두 이질적 커뮤니티에 다리를 놓을 것인가?

1994

1994년, 문화산업계에서 활동하는 사람들과 과학기술계에 있는 사람들이 서로 대화라도 하자는 취지로 카이스트 대강당에서 첫 번째 행사를 열었다. '첨단 전자 엔터테인먼트 심포지엄'. 발표와 토론만이 아니라 만찬 후에는 디지털 공연까지 이어졌다. 참석자 대부분이 유익하고 즐거운 시간을 보냈다. 그런데 그날 오후, 마침 대강당 앞을 지나가던 우리 학교 총장님이 심포지엄 현수막을 보셨다. "아니, 카이스트에서 저런 이상한 행사는 누가 하는 거요? 앞으로 이런 일은 자제하면 좋겠습니다." 요즘 같았으면 아마 총장님이 자진해서 축사를 해주실 것이다.

1995

심포지엄의 적자를 어떻게 메울지 고심하던 중, 나는 일본 나고야에서 열린 세계도시산업학술대회에 초청받았다. 나고야는 전통적인 제조산업에 의존하는 도시로서 21세기에 대비해 어떻게 산업 구조를 재편성할 것인가를 모색 중이었고, 새로운 돌파구를 찾기 위해 인문사회학부터 이공학에 이르기까지 전 세계에서 다양한 배경을 가진 사람들을 초청해 학술대회를 열었다. 여기서 나는 그동안의 내 경험과 생각을 담아 '문화기술Culture Technology, CT'이라는 개념을 제시했다. 21세기에 그 중요성이 더 커질 문화 현상과 문화산업을 뒷받침하는 이공학 기술을 체계화시켜 연구하자는 것이 내 제안의 핵심이었다. 이후 나고야에는 단 한 번도 가지 않았다. 나고야 시의 그 누구와도 만난 적이 없다. 그런데 바로 작년까지, 무려 20년 동안 매년 연하장을 받았다. 일본은 무서운 나라다.

1996

문화예술과 과학기술을 융합하는 데 관심 있는 카이스트 교수들끼리 모임을 만들었다. 전공은 모두 달랐다. 전산학과, 전자공학과, 기계공학과, 산업공학과, 인문사회학부, 산업디자인학과. 나는 한 발짝 물러났다. '문화기술(CT)'이라는 용어 대신 '디지털 문화예술연구회'라는 명칭을 사용하기로 했다. 친목 조직 수준이었다. 그래도 함께 단행본을 발간하는 성과를 거뒀다.

2001

2001년 여름. 나는 영문도 모른 채 청와대에서 주재하는 한 회의에 배석하게 됐다. CT(문화기술)를 IT(정보기술), BT(바이오기술), NT(나노기술), ET(환경기술) 등과 함께 우리나라 경제를 이끌어갈 전략기술로 지정하는 자리였다. 다른 기술들과는 달리 CT가 무엇인지 확실치도 않은 상황에서 국가 차원의 승인을 받게 된 것이다.

일부에서는 선진국에서도 사용하지 않는 용어를 우리나라에서 임의로 정의해 사용하는 것은 억지이며 별 의미가 없다고 일축하기도 했다. 그러나 이런 태도는 우리 학계를 영원히 종속적인 틀에 가두어둘 것이다. 기존 분야에서 선두에 나서는 것도 좋지만, 종전에 없던 분야를 새로 개척하고 세계를 선도하는 것은 더욱 의미 있는 일이라고 생각한다. 물론 새로운 아이디어가 모두가 인정하는 학문 분야로 자리잡기 위해서는 학문의 체계화와 이론의 정립이 수반되어야 하겠지만 말이다. 한편에서는 CT를 좁게 해석해서 콘텐츠 기술Contents Technology, 즉 게임, 영화, 애니

메이션 등을 제작하기 위한 기술로 해석하기도 한다. 물론 이런 현실적인 측면도 무시할 수는 없다. CT의 실체가 무엇이든, 우리나라는 문화 분야에 국가 과학기술 연구개발 예산을 투입하는 거의 유일한 나라가 됐다.

2002

카이스트에 문화기술학제전공이 생겼다. 학제전공이란 독립된 학과는 아니지만 새로운 분야를 지정해서 여러 학과의 교수가 함께 대학원 과정을 운영하는 것이다. 대학이라는 곳은 사회에서 가장 보수적인 집단이다. 과학기술을 다루는 카이스트에 문화나 예술이라는 키워드를 불러들이는 것은 생각보다 어려웠고 교수들의 반대도 심했다. 결국 내가 이 새로운 프로그램을 대표하지 않는다는 조건으로 문화기술학제전공을 만들 수 있었다.

2005

2005년 9월. 카이스트에 문화기술대학원이 설립됐다. 어쩔 수 없이 나는 내가 가장 못 하고 싫어하는 것, 즉 조직 운영을 맡아야 했다. 지금 생각하면 아쉬운 것도 많다. 너무 안이하게 운영했다. 좀 더 파격적이었어야 했는데. 아무튼 10년 동안 적지 않은 정부 예산을 받는 혜택도 누렸다. 2015년 현재 석사 300명, 박사 50명이 배출됐다. 문화기술대학원의 성공과 실패 여부는 그들에게 달려 있다.

1874, 1802

　지금까지 익숙하지 않았던 현상이 자주 일어나게 되면 거기다 새로운 이름을 붙인다. 일단 이름이 생기면 그 현상이 일어나는 것이 너무 당연해 보인다. 19세기 중반 프랑스에서 생겨난 인상주의가 그랬다. 인상주의라는 단어는 형체를 알아보기도 힘들고 그리다 만 것 같은 그림들에 당위성과 역사적 맥락을 부여했다. 그 반대인 경우도 있다. 우연히 혹은 의도하에 여태까지 없던 새로운 이름이 만들어진다. 그리고 그때까지는 관련 없어 보였던 여러 현상들이 새로운 이름 아래 통일되게 보이기 시작하는 것이다. 테크놀로지가 그랬다. 1802년 독일의 학자 요한 베크만Johann Beckmann이 그때까지는 개념조차 없던 '테크놀로지'라는 단어를 처음으로 만들었다. 그랬더니 사람들 눈에 갑자기 테크놀로지가 보이기 시작했다. 그뿐 아니라 테크놀로지 없이는 세상이 굴러가지 않는다는 것을 깨닫게 됐다.

1994

　CT라는 단어가 나오게 된 경위도 이와 비슷했다. 우리의 의식 구조 저변에 있던 문화와 기술의 융합이라는 개념을 하나의 단어로 체화한 것이다. 사실, 처음에는 컬처 테크놀로지Culture Technology가 아니라 컬처럴 테크놀로지Cultural Technology라는 단어를 심각하게 고려했다. 문화에 필요한 기술, 문화산업에 필요한 기술이라는 맥락에서다.

불행히도 그 단어는 이미 일본 회사가 자사 브랜드로 사용하고 있었다. 새로운 단어를 찾다가 차선책으로 나온 컬처 테크놀로지로 정했다. 지금 생각하면 불행 중 다행이었다. 컬처 테크놀로지는 문화와 기술이 주종 관계가 아니라 대등한 관계임을 의미하기 때문이다. 오랫동안 이 단어를 사용하면서 나 역시 문화산업을 위한 기술이라는 실용적인 차원이 아니라, 문화와 기술의 상관관계라는 보다 원론적인 문제에 대해 고민하게 됐다.

500 B.C.

과학적인 측면에서 볼 때, 미지의 대상에 관한 논리적 접근은 지난 3000년 가까이 지속되어왔고, 우리의 탐구 대상은 거시 세계와 미시 세계 그리고 인간 자신으로 확장됐다. 그러나 아직도 미스터리로 남아 있는 부분이 꽤 많다. 그중 하나가 인간의 창의성, 예술 활동, 문화 활동이다. 이에 관한 메커니즘을 규명하는 것이 CT의 중심에 놓여 있다고 본다. 이런 관점에서 흥미로운 질문을 던져볼 수 있다. 컴퓨터는 스스로 창작을 할 수 있는가? 컴퓨터는 예술을 감상할 수 있는가? 이런 문제들에 대한 답은 영원히 나오지 않을지도 모른다. 그러나 이로부터 우리는 CT를 체계화하는 실마리를 잡을 수 있다.

1994~2015

CT는 먼저 문화를 좁게 해석해 예술에 대한 과학적, 계산학적 접근이다. 즉, 예술 창작 활동과 작품 감상 행위를 계산이론적으로 규명해보자는 것이다. 이는 학문적인 호기심 이상도 이하도 아니라고 치부해버릴 수 있지만, 문화예술산업에 첨단 기술을 접목시키기 위해서는 이런 이론적 뒷받침이 있어야 하고 따라서 계산이론적 연구가 이 역할을 해줄 수 있을 것이라고 본다.

두 번째로, 문화적, 예술적 요소를 이공학 기술에 접목시킴으로써 관련 이공학 분야 연구의 새로운 방법론을 개척한다는 측면에서 접근할 수 있다. 이공학의 전 분야에 예술적 지식과 경험을 도입하는 것은 도움이 되지 않겠지만, 몇몇 분야에서는 이러한 접근 방법이 가능할 것으로 보일뿐더러, 경우에 따라서는 현안 문제에 대해 획기적인 해결책을 제시할 수 있을 것으로 믿는다.

세 번째로, 산업적인 측면에서 문화예술산업과 연계된 제반 기술 개발도 CT의 범주에서 체계화하고 발전시킬 수 있다. 네 번째이자 마지막으로, 폭넓게 해석하면 문화란 결국 집단이 갖는 공통된 가치관, 행동, 습성이다. 이런 문화적 현상 역시 계산학적으로 접근할 수 있다.

2015

이제 CT에 대해 다시 한번 고민할 시점이다. 시대적 소명을 마쳤으니 이제는 없어져야 하는지, 프로파간다로서 아직 효용이 남아 있는지, 아니면 학술적으로, 산업적으로, 사회적으로 계속 발전시켜야 할지 말이다. "쿠오바디스, 컬처 테크놀로지."

도판 출처

별도로 색인된 도판을 제외하고 이 책에 수록된 사진과 그림은 저자가 직접 촬영했거나 크리에이티브 커먼즈(Creative Commons) 규약에 따라 위키피디아, 위키아트(Wikiart) 등 퍼블릭 도메인에서 원본의 수정이나 변형 없이 사용한 것임을 밝힌다. 저작권자를 찾지 못한 도판도 일부 있는데 확인되는 대로 정식 동의 절차를 거칠 예정이다.

27쪽 휴 터비, 〈팜파탈〉

http://www.smithsonianmag.com/arts-culture/x-ray-art-deeper-look-everyday-objects-180949540/?no-ist

27쪽 댄 플레빈의 네온등 작품

http://whatwelikenyc.com/2013/03/02/show-me-the-light/

80쪽 살바도르 달리, 〈사라지는 이미지〉

https://www.salvador-dali.org/obra/the-collection/140/the-image-disappears

82쪽 브리짓 라일리

http://thatsnotmyage.com/style-inspiration/wearing-stripes-bridget-riley-and-the-seaside/

141쪽 칼 심즈, 〈갈라파고스〉

http://www.karlsims.com/galapagos/index.html

142쪽 칼 심즈, 〈진화된 잡음〉

http://www.karlsims.com/noise.html

150쪽 앤디 워홀의 실크스크린 작품 〈전기의자〉

https://letsexploreart.wordpress.com/2014/06/26/electricchairs/

153쪽 토마스 에디슨의 축음기 광고

http://kunm.org/post/toxic-toys-invention-phonograph#stream/0

170쪽 제이콥 모레노의 사회 연결망

"Who Shall Survive?", Washington DC: Nervous and Mental Disease Publishing Company, 1934.

203쪽 스티븐 마쿼트 박사의 뷰티 마스크(정면과 측면)

http://www.beautyanalysis.com/

213쪽 〈뉴욕타임스〉 본사 로비

http://www.nytimes.com/

214쪽 크리스 조던의 데이터 아트 작품

http://www.chrisjordan.com/gallery/rtn/#silent-spring

217쪽 니컬러스 펠턴의 연차보고서

http://www.wsj.com/articles/SB122852285532784401

294쪽 매튜 페르난데즈의 3D 프린팅 작업물

http://www.plummerfernandez.com/

그림이 있는 인문학

교양 있는 사람을 위한 예술과 과학 이야기

1판 1쇄 발행 2015년 9월 16일
1판 2쇄 발행 2015년 12월 21일

지은이 원광연

발행인 양원석
본부장 김순미
책임편집 송상미
해외저작권 황지현
제작 문태일
영업마케팅 이영인, 양근모, 김민수, 장현기, 전연교, 정우연, 이선미, 정미진

펴낸 곳 ㈜알에이치코리아
주소 서울시 금천구 가산디지털2로 53, 20층 (가산동, 한라시그마밸리)
편집문의 02-6443-8878   구입문의 02-6443-8838
홈페이지 http://rhk.co.kr
등록 2004년 1월 15일 제2-3726호

ISBN 978-89-255-5724-3 (03400)